整理收纳，让家越住越大

[日] 梶谷阳子 / 著
佟凡 / 译

江苏凤凰科学技术出版社
· 南京 ·

江苏省版权局著作权合同登记 图字：10-2020-481号

图书在版编目（CIP）数据

整理收纳，让家越住越大 / (日) 梶谷阳子著 ; 佟凡译. — 南京 : 江苏凤凰科学技术出版社, 2021.5
ISBN 978-7-5713-1813-0

Ⅰ. ①整… Ⅱ. ①梶… ②佟… Ⅲ. ①家庭生活 – 基本知识 Ⅳ. ①TS976.3

中国版本图书馆CIP数据核字(2021)第043823号

整理收纳，让家越住越大

著　　者　【日】梶谷阳子
译　　者　佟　凡
责任编辑　陈　艺
责任监制　方　晨

出版发行　江苏凤凰科学技术出版社
出版社地址　南京市湖南路1号A楼，邮编：210009
出版社网址　http://www.pspress.cn
印　　刷　北京博海升彩色印刷有限公司

开　　本　718 mm × 1 000 mm　1/16
印　　张　9
字　　数　139 000
版　　次　2021年5月第1版
印　　次　2021年5月第1次印刷

标准书号　ISBN 978-7-5713-1813-0
定　　价　39.80元

目录 Contents

Contents

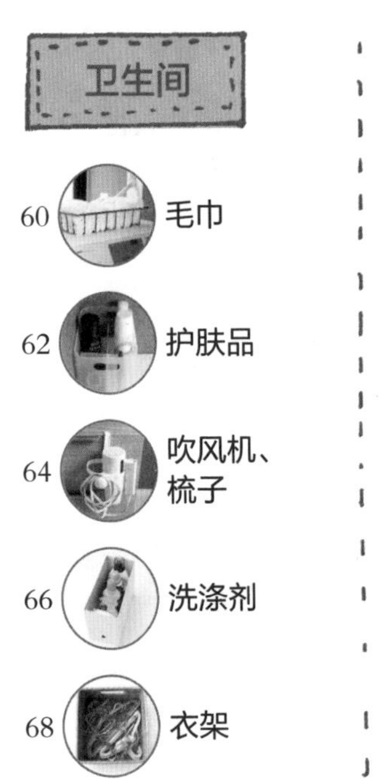

卫生间

玄关

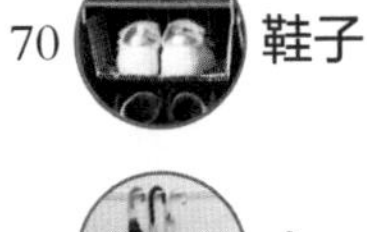

其他

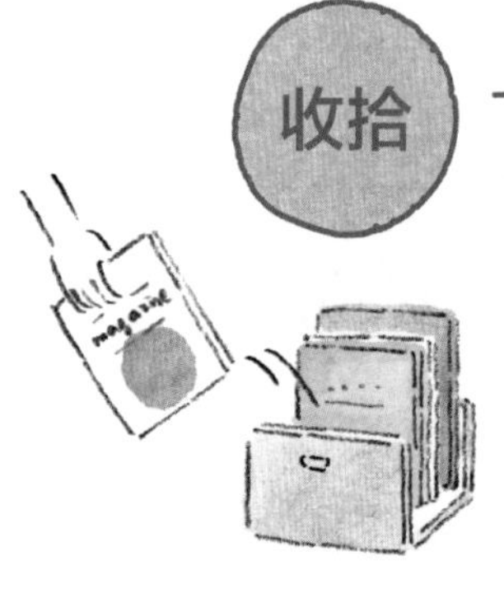

收拾

给想要从现在开始整理的你

看过关于整理的书之后依然不会自己整理……没办法像书里写的那样完美收纳……在我作为专业整理人工作的过程中，遇到了很多有上述烦恼的人。我希望能为这样的人们写一本书，这就是我创作的契机。

一定不要因为不能很好地整理而责怪自己，因为大家从来没有学过。面对没学过的事情，不知道该如何下手也是理所当然的。

在学校学习时如果出了错，老师就会告诉我们。而且我们能够通过考试找到自己掌握得不好的地方，明白应该在什么地方下功夫。但是大家没有遇到过教整理的老师和针对整理的考试，所以长大后整理依然是一大烦恼。

本书并不会只告诉大家整理的方法。在整理中最重要的事情是找到“适合自己的方法”“适合自己家的整理方法”，然后加以实施。要说这一点为什么重要，就是因为每一个人的性格不同，家里的人数、房间的布局、居住的地域和生活方式都千差万别，所以对某一个人和家庭来说，书里提到的方法并不一定是正确的。

另外，这本书也不只是在叙述正确的整理方式，还提供了众多诀窍，方便大家找出适合自己和家人的诀窍。书中列举了很多诀窍，如果大家能发现“这个最适合我！”“这个不适合我家孩子……”让这本书成为了解真实的自己和家人的契机，我将会十分开心。

在大家阅读本书前，我想向大家传达一个让自己更加擅长整理的方法，这就是“享受”。

请务必享受找出适合自己和家人的整理诀窍的过程。

希望在读完这本书后，你能发现只属于你和只属于你家的整理诀窍，希望只属于你家的整理诀窍能让你和家人生活得更加愉快舒适，每天都能露出笑容。

开始之前 **1**

整理真的有必要吗?

如今这个时代有太多介绍优秀收纳方法的书，互联网上也充斥着各种相关信息。我想一定有很多人看过之后会产生“我也必须整理”的想法吧。

但是，请深吸一口气好好想一想，现在自己的家里真的需要整理吗？“虽然家里不够清爽，但是家人一直在微笑着生活”“玩具总是到处乱放，不过孩子们好像玩得很开心”，这样的话依然需要努力整理吗？我觉得并非如此。

被优秀的收纳书或者收纳主题的公众号影响，妈妈辛苦地整理，要求家人也努力整理，这样的整理并不会让家人露出笑容。正因为如此，请在整理前深呼吸，好好想一想。

然后请再次确认自己现在想要整理的原因是什么。“想要在整洁的空间和孩子尽情玩耍！”“想要创造出让所有家人露出笑容的空间！”想要为了自己和家人的笑容而整理，就是整理的开关真正打开的瞬间。

开始之前 **2**

从任何地方开始都可以，哪怕是一个抽屉

想要为了自己和家人的笑容而整理。虽然有这个想法，但是因为总是没法顺利进行而受挫，因为感到自己没用而自责，然后和不来帮忙的家人吵架——这就是很多人会陷入的，由整理而引起的连锁负面反应。明明是为了让自己和家人露出笑容而整理的，为什么会这样呢？

这是因为很多人都深信“整理就必须一气呵成”。育儿、家务、工作……在每天忙碌的生活中，每个人能够花在整理上的时间各不相同。正因为如此，找到能够让自己和家人不用勉强而且能够坚持的整理方法十分重要。不需要一口气全部做完，不需要着急。就算每天只整理出一个抽屉，家里的环境也会切切实实地向好的方向改变。

整理的重点并不是尽快完成。在放弃“必须一气呵成”这个想法的瞬间，正面连锁反应一定会开始发生。

开始之前 **3**

要明白“整理”“收纳”“收拾”的意思

很多人都觉得收拾很麻烦，很浪费时间吧。其实收拾不过是把“用过的东西放回原处”这样简单的行为。比如，拿出抽屉里的剪刀，用完后再把剪刀放回抽屉里。你会觉得这种事情麻烦、浪费时间吗?

我希望大家再思考一件事。假如刚才提到的抽屉中不光有剪刀，还有没用过的本子和铅笔的话会怎么样呢?你一定会因为要花时间找剪刀而觉得疲惫吧。如果剪刀没有放在抽屉里固定的位置，每回要用的时候都要花时间找。

其实大多数情况下，在收拾中让大家真正感到烦恼的原因是整理和收纳。所以要通过理解“整理”“收纳”“收拾”的真正含义，来确定让你感到受挫的是什么，应该怎样去做。

“整理”“收纳”“收拾”的含义

拾掇家里时，整理是非常重要并且花时间的工作。
整理是整理金字塔的基础，仔细完成整理的工作，
收纳和收拾的工作就能够顺利进行。

开始之前 **4**

思考收纳是为了谁

为了让自己和家人露出笑容，来收纳吧！在产生这种想法时，首先必须明确一件十分重要的事，这就是——“收纳是为了谁？”整理每一个地方时都必须明确这个问题。

因为收纳重要的目的是让使用者方便取用、放回。越能让使用者开心的收纳方法越容易维持，而不会轻易被破坏。

比如，原本希望让孩子能顺利地整理自己的东西，结果全部从大人的视角出发选择物品摆放的地点和收纳的用品，按照大人的喜好收纳，这种方法怎么样呢？这就不再是为了孩子的收纳方法，而是为了大人、为了自己的收纳方法了。

所以重要的是明确整理是为了谁，选择适合使用者、能够让使用者开心的收纳方式。

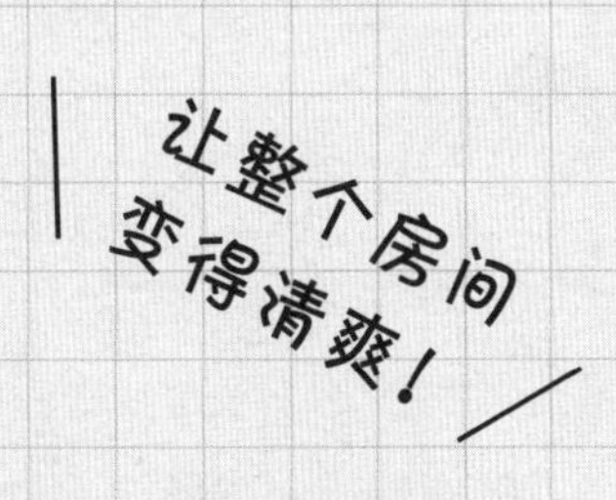

第一部分

整理收纳的秘诀

来吧，从任何地方着手都可以！

在收纳的任何一项中，首先都要仔细选出必须“整理”的物品。

然后，参考“节省空间”“简洁”“粗略”“清爽”等关键词，选择符合你的性格和房屋空间的收纳方法吧。下一步要做的就是实践了。

~ 在整理收纳开始之前 ~

选择适合自己的家、适合自己的整理收纳法

物品多绝不是不行。

但不可避免的事实是，物品越多，居住空间就会越小。

正因为如此，认真思考“我有多想要这个物品，值得为它牺牲居住空间吗？”才显得十分重要。

如果是真正必要的物品、真正喜欢的物品、真正重要的物品，就算居住空间因它们变得狭小，你也可以心情愉快地生活。

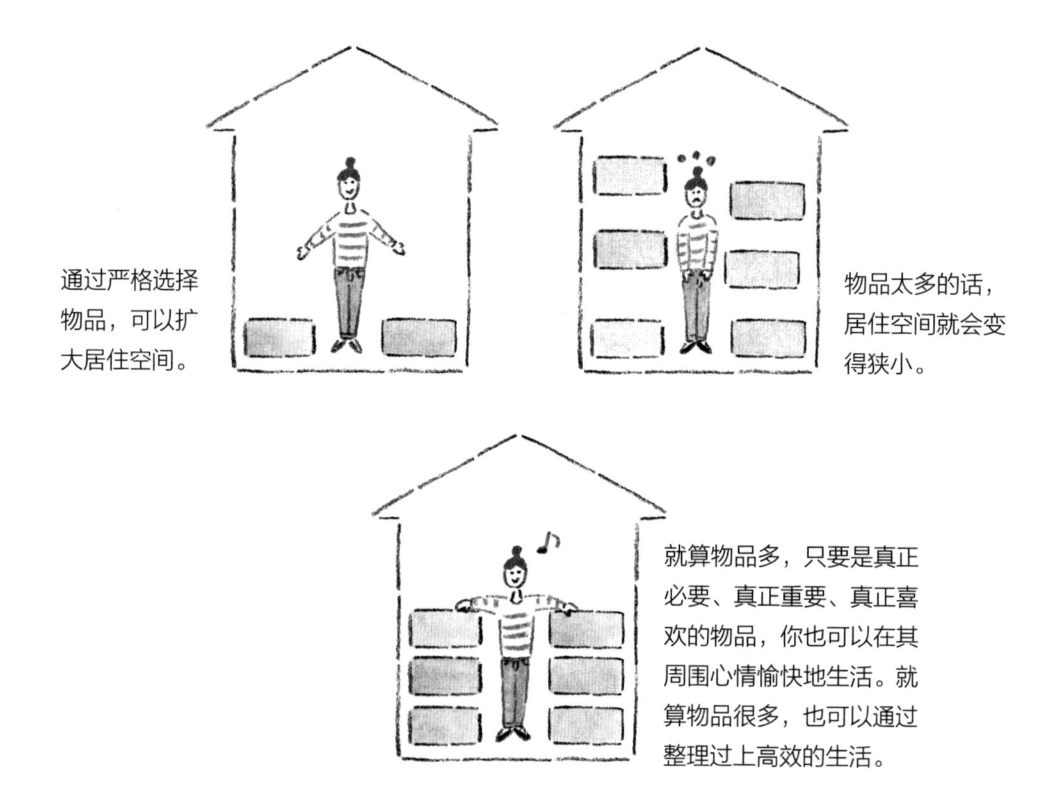

- 对不同的人来说，每一样物品的价值不同，所以只有本人才能对自己的物品做出整理。正因为如此，请大家从自己的物品开始整理吧。
- 绝对不要按照自己的价值观擅自整理别人的物品。
- 要记住，所有物品都有它的用处。例如衣服是为了穿的。你有没有只是放在那里，很少穿的衣服？在不知道该不该扔掉某种物品的时候，要思考它有没有发挥它原本的作用。
- 物品只有去用才有价值，要记住物品没有被使用是最浪费的。
- 纪念品、真正喜欢的物品、承载着重要回忆的物品没有必要勉强自己扔掉！
- 不要以减少物品为目的，整理的目的在于用心面对每一件物品。整理的过程是重新构思你想在被什么样的物品包围中生活，重新确认你与每一件物品的关系，直面当下的自己。
- 不要觉得“整理”等于“扔掉”。能重复利用的物品可以选择捐出去，或者卖到自由市场、送去回收、拿去拍卖，方法很多，选择适合自己的方法就可以。
- 整理过程中出现困惑时，请参考以下项目。

需要放弃的候选物品

所有物品通用

- 现在没在使用的
- 没有发挥原本作用的
- 不知道要用在哪里的
- 没有承载回忆与感情的
- 以后不一定会用到的
- 无法收纳，只能搁置在外面的

- 要考虑对使用者来说，物品以什么状态放在什么地方更容易拿取、放回。
- 选择收纳用品时，要选择适合使用者的材质。比如玻璃或者较重材质的收纳用品就不适合孩子使用。
- 选择收纳用品时要考虑是否适合使用的地点。比如放在玄关的孩子外出游玩时使用的物品就不适合选择纸质等不能清洗的材质；抽屉式的收纳用品不适合用在狭窄的区域，会不方便拉出；水槽下使用纸板等材料的收纳用品会发霉，因此要注意避免。
- 选择收纳方法时应该考虑的不是外观美丽，而是让使用者能够持续使用。
- 个人空间的收纳方法要重视使用者本人的心情，家庭公共空间的收纳方法要由家人共同商量决定。

餐具

让每天都要使用的物品在容易取用的位置待命

厨房

整理

1 把家里所有的餐具全部取出来，
不要忘了客人用的哦！

2 放弃不能用的，或者还能用，但是没在使用的。

留下

放弃

需要放弃的候选物品

所有物品通用

- 现在没在使用的
- 没有发挥原本作用的
- 不知道要用在哪里的
- 没有承载回忆与感情的
- 以后不一定会用到的
- 无法收纳，只能搁置在外面的

另外……

- 有色素沉淀的
- 断裂的
- 有缺口的

取用时“一步搞定※”

一股脑儿放进盒子里的时候最好也分成自己用的和客人用的两部分。

※指不需要开门、开抽屉等动作

自己用

客人用

如果立在收纳盒里放在外面，在取用时就可以直接拿到，收拾的时候也很轻松。但是这种方式不能避免油渍和灰尘，所以最好只将每天都会使用的物品放在外面，将客人用的餐具收在柜子或者抽屉里。

● 收纳盒　请选择放得稳，容易清洗的品类。

清爽！方便使用且卫生

首先粗略分出自己用的和客人用的两部分，再按照孩子用的和大人用的分开，或者按照类别以方便自己使用的方式分类。准备符合分类方式的盒子。

选择抽屉整理盒收纳既能让外观显得整洁又方便选择，不过这种方法不适合嫌麻烦的人。另外，如果要把两个盒子摞在一起，将客人用的放在下面，自己用的放在上面会比较方便。

● 抽屉整理盒　选择透明的盒子就不会忘记放了两层。

碗碟

形状大小各不相同的碗碟可以按照主题分类

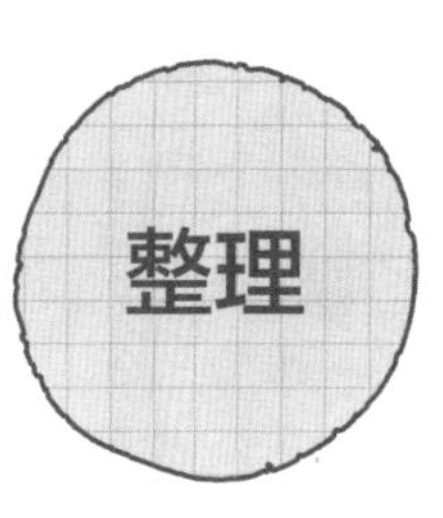

1 把家里所有的碗碟全部取出来，包括放在橱柜里常用的碗碟和别人当作礼物送的碗碟。

2 分成需要的和不要的，放弃不要的部分，感到犹豫的时候请参考下面的“需要放弃的候选物品”。

需要放弃的候选物品

所有物品通用

- 现在没在使用的
- 没有发挥原本作用的
- 不知道要用在哪里的
- 没有承载回忆与感情的
- 以后不一定会用到的
- 无法收纳，只能搁置在外面的

另外……

- 碎掉的
- 有缺口的
- 有色素沉淀的
- 不成套的（如茶杯和茶托）

选择符合自身生活方式的分类法

首先将客人用的碗碟和自己用的碗碟分开。根据生活方式想出合适的主题进行分类，就能让做饭的准备工作变得轻松。比如，分成每天都要用的“正餐套组”“茶点套组”，客人用的“茶水套组”等。

接22页

将使用频率不高的物品放在一起

客人用的小碟等不常用的盘子可以收在收纳盒中。

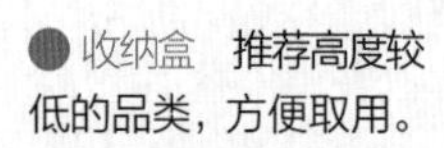

● 收纳盒　推荐高度较低的品类，方便取用。

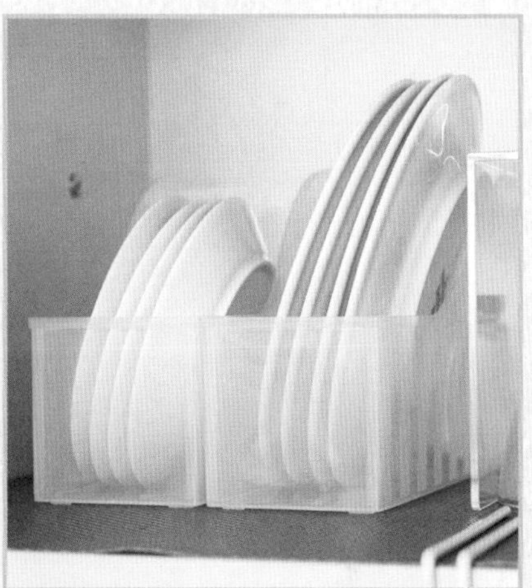

美观的套组整理方式

把餐具架上下调转放置，这样一来上方也可以当成架子，收纳量大增。方便杯子和茶托等成套的餐具拿取放回。

有效利用原本无效的空间

能够放在架子上的挂式吊篮可以有效利用架子上方的空间，适合收纳小碟子等体积和重量较小的物品。

可以快速取出

最方便取用放回的方式是竖着放在图中这种置物架上。但是这种方法比较占地方，适合拥有充分空间的人。

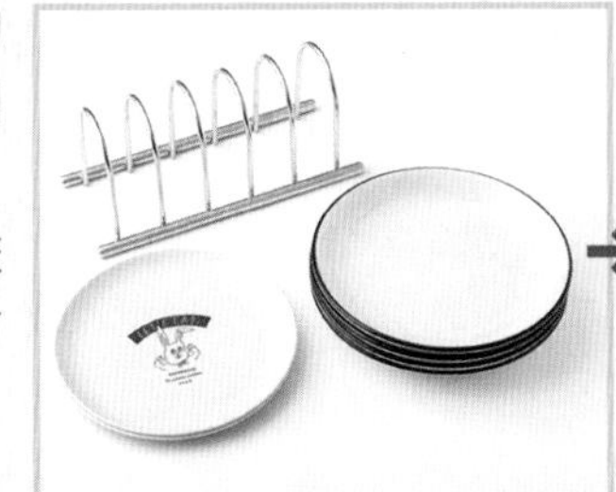

能够轻松增加架子空间的物件

用凹形架可以轻松地增加架子的可利用空间。缺点是放在下层的物品大小会受限。

● 凹形架　请选择承重大的品类。

按照套组分类摆放更便利

将“大人的正餐套组”“孩子的正餐套组”等每天都要使用的餐具按照套组收在盒子里，做饭的准备工作就会很顺畅，外观也很清爽。

厨房用具

放在外面更方便？收在抽屉里更清爽？要选择自己能够坚持的收纳方法

整理

1 将家里所有的厨房用具全部取出来，会有比你想象中更多的没用的物品。

2 汤勺和饭勺是不是有三四个？请参考以下“需要放弃的候选物品”，分成需要的和不要的部分。

需要放弃的候选物品

所有物品通用

- 现在没在使用的
- 没有发挥原本作用的
- 不知道要用在哪里的
- 没有承载回忆与感情的
- 以后不一定会用到的
- 无法收纳，只能搁置在外面的

另外……

- 有好几个相同用途的
- 坏掉的
- 钝了的（刀具）
- 不好保管的

用整理盒区分物品，一目了然

按照需要的数量准备几个抽屉整理盒，将它们平放。这样一来就能一目了然地看清什么东西放在什么地方，节省了寻找的时间，放回的时候也不会混乱。适合拥有充分空间的人。

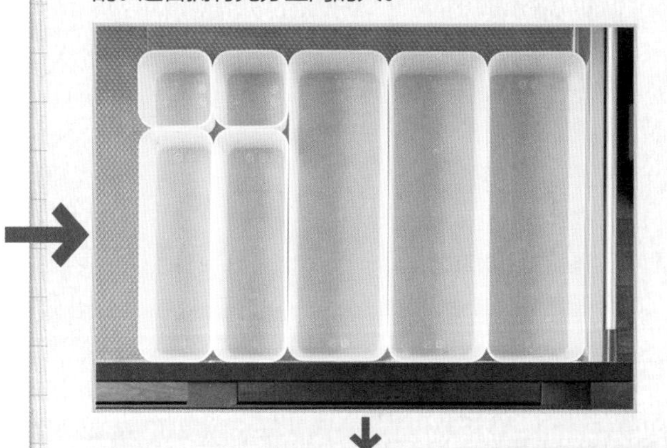

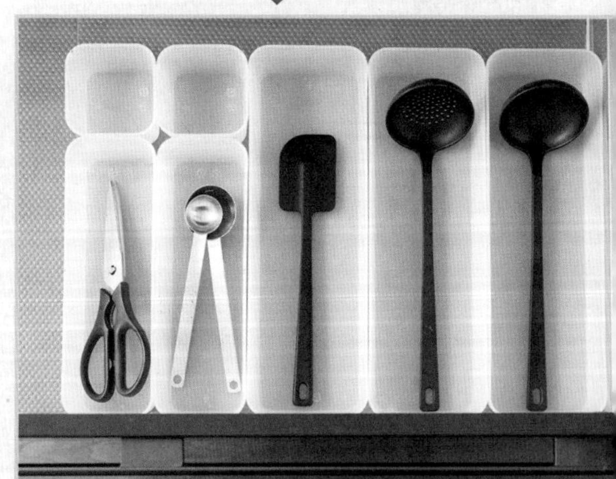

适合懒人的立式收纳法

立式收纳法的魅力在于粗略，要严格选择少量经常使用的物品，方便取用收回。

● 立式收纳容器　选择不易翻倒的品类。

↓

放在外面也显得清爽的墙壁收纳法

不用收起来的墙壁收纳法也能同时实现“清爽”和“方便取用”。

● 挂壁挂钩　支柱+网格+扎带+网格挂钩。

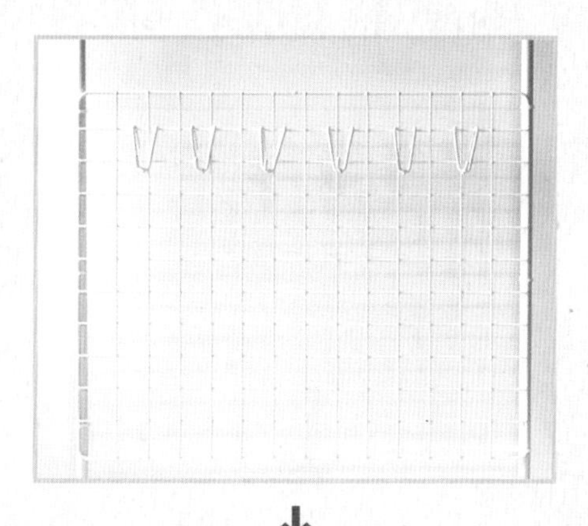

↓

锅

做到取放方便的话，做饭也会变得顺畅！不要叠放是铁则

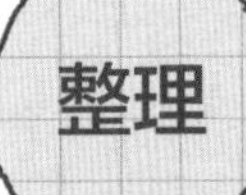

1 把家里的锅全部取出来，可能出现有好几个尺寸不同的同类锅的情况。

2 分成需要的和不要的，找出用不惯的锅和因为不方便清洗而没在使用的锅，重新评估是否真的需要。

需要放弃的候选物品

所有物品通用

- 现在没在使用的
- 没有发挥原本作用的
- 不知道要用在哪里的
- 没有承载回忆与感情的
- 以后不一定会用到的
- 无法收纳，只能搁置在外面的

另外……

- 有好几个相同用途的
- 坏掉的
- 烧灼严重的
- 涂层剥落的

把每天都要用到的锅挂起来

可以把每天都要用到的锅挂在架子上。如果没有现成的架子，可以用固定网格的方法自制（如图）。适合收纳空间不足的人。

● 挂壁挂钩　支柱+网格+扎带+网格挂钩

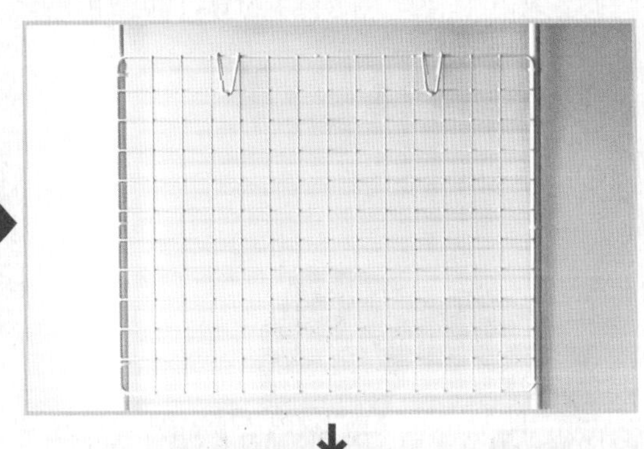

↓

如果炉子下方有深度较深的抽屉，最好的收纳方法是立起来

可以在深度较深的抽屉里用文件盒或者隔板、书立等分割空间，将锅立起来收纳。

● 用于分割空间的收纳工具　请选择结实的品类。

利用凹形架或者盒子分割空间，避免叠放

如果炉子下方是双开门，可以利用凹形架或者文件盒分割，有效利用空间。

● 凹形架　请选择承重大的品类。

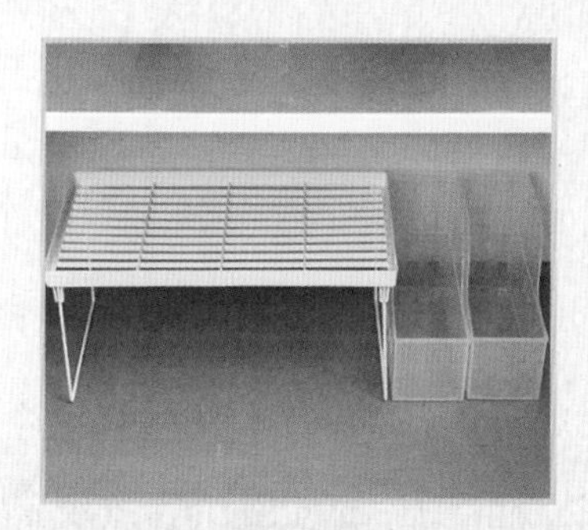

厨房消耗品

形状、材质、尺寸各不相同，
如果收集在一起就能轻松进行补充

整理

1 取出保鲜膜、塑料袋、厨房用纸、牙签、橡皮圈等厨房中会用到的消耗品。

2 可能没什么不需要的物品，不过会有质量不好或者好多年都没用过的物品，果断将它们放弃吧。

需要放弃的候选物品

所有物品通用

- 现在没在使用的
- 没有发挥原本作用的
- 不知道要用在哪里的
- 没有承载回忆与感情的
- 以后不一定会用到的
- 无法收纳，只能搁置在外面的

另外……

- 如果囤了过量的物品，用完之前不要添置

采取平放的方式可以清楚地看到现有物品，很方便

收在抽屉里时，每种品类放在一个盒子里，将盒子平放。这样既能方便选择，又能一目了然看到剩余数量。优点是方便管理库存，适合拥有充分空间的人。

↓

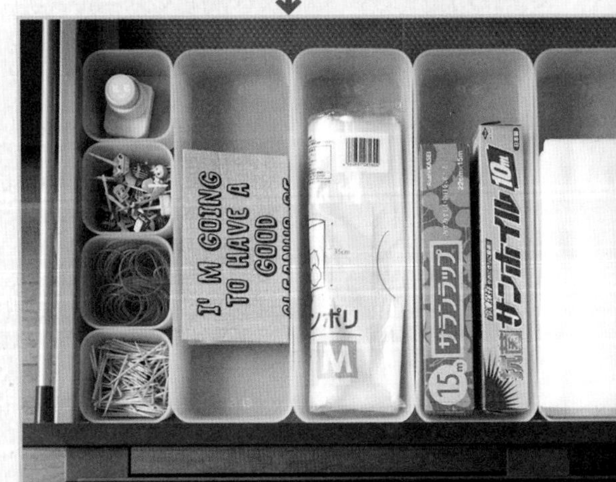

盒子收纳法适合懒人

收在较深的抽屉或者架子中时，如果全部放在一个盒子中会很轻松。推荐在空间较小的情况下使用。

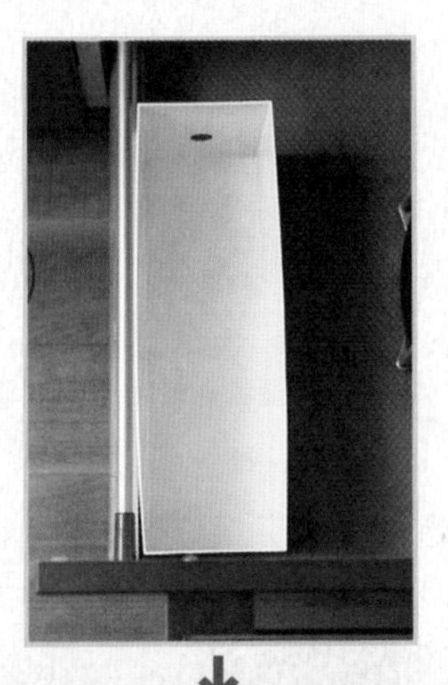

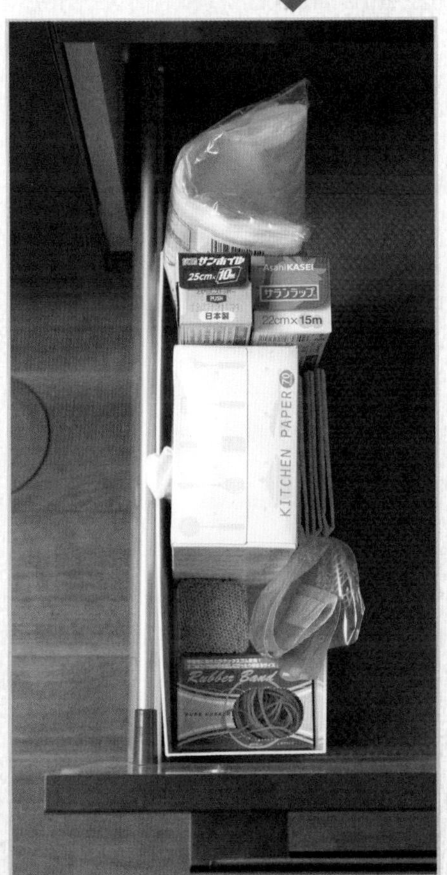

想要放在外面的话，可以采用墙壁收纳法

墙壁收纳适合随性的人或者房间空间不足的家庭。

● 挂壁吊篮　支柱+网格+扎带+网格吊篮

冰箱

通过整理达到方便使用的效果，做饭的动力也会增加

冰箱不同位置的温度设定不同。
要了解什么样的食品应该放在什么位置。

	温度	适合的食品
冷藏室	3℃ ~6℃	每天都在吃，可以立刻食用的食品
软冻室	0℃ ~2℃	肉、鱼、加工食品 不适合放在软冻室的食品：鸡蛋、牛奶、饮用水、果汁、豆腐、蔬菜、水果、冰激凌、冷冻食品
门架	6℃ ~10℃	不容易腐烂的食品 ※ 开关会带来剧烈的温度变化
蔬菜室	3℃ ~8℃	蔬菜、水果、米、调味料
冷冻室	-20℃ ~-18℃	长期保存的食品（冷冻食品）、保质期长的干货

来了解节能的诀窍吧。
以下内容可以通过整理收纳冰箱来实现。
另外，通过整理收纳可以让清扫变得轻松，也会更加卫生。

❶不要装得太满（为了冷气循环顺畅）。

❷不要在冰箱中放入不能放的物品（比如没有切开的适合常温保存的蔬菜等）。

❸不要阻塞冷气出口。

❹热的食品放凉后再装进冰箱。

❺记得把门关严。

❻尽量减少开关门的次数。

要点

按照以下几点选择收纳用品吧

❶为了有效利用空间，选择适合冰箱深度的收纳用品。
❷摆放时为了不浪费空间，选择方形收纳用品。
❸追求一目了然的人可以选择透明或半透明的盒子，这样可以大致看到内部的物品，方便保管。
❹不想显得东西多而杂乱的人可以使用白色的盒子。
❺选择方便拉出的收纳用品。

要点

如果想要将食品换装到其他容器里，先了解这样做的优缺点吧。

<优点>

❶方便制定规则，在快吃完之前添置，防止过期。
❷如果装在塑料容器中，就算孩子弄倒了也不用担心容器破损。
❸每次换装时都要记录保质期，这样可以提醒我们避免食物变质。
❹使用统一的盒子或者瓶子，不会浪费空间，方便收纳。
❺外观好看。
❻脏了的话可以立刻发现，方便清理。

<缺点>

❶有些容器长时间使用质量会下降，要定期更换。
❷有些食品换装在其他容器里，保质期会变短。
❸不容易看清容器里是什么。

<注意点>

铁则是要选择容量刚好能装下食品的瓶子和盒子。如果要分两个或多个容器才能装下，既浪费了空间，也很容易因为忘记其中一个导致重复购买。

1 把冰箱里的物品全部拿出来，然后用酒精除菌喷雾等打扫冰箱内部。

2 扔掉过了保质期或者变质的食品，如果囤货过多，在消耗完之前不再补充。

将常规的食品大致分类后放进盒子里

将经常会用到的食品整理好放进盒子里，装回冰箱后，保证深处的食品也能够取出。收纳时将写着保质期的一面向外，保证每次取出时都能看到，可以防止过期。

分类举例

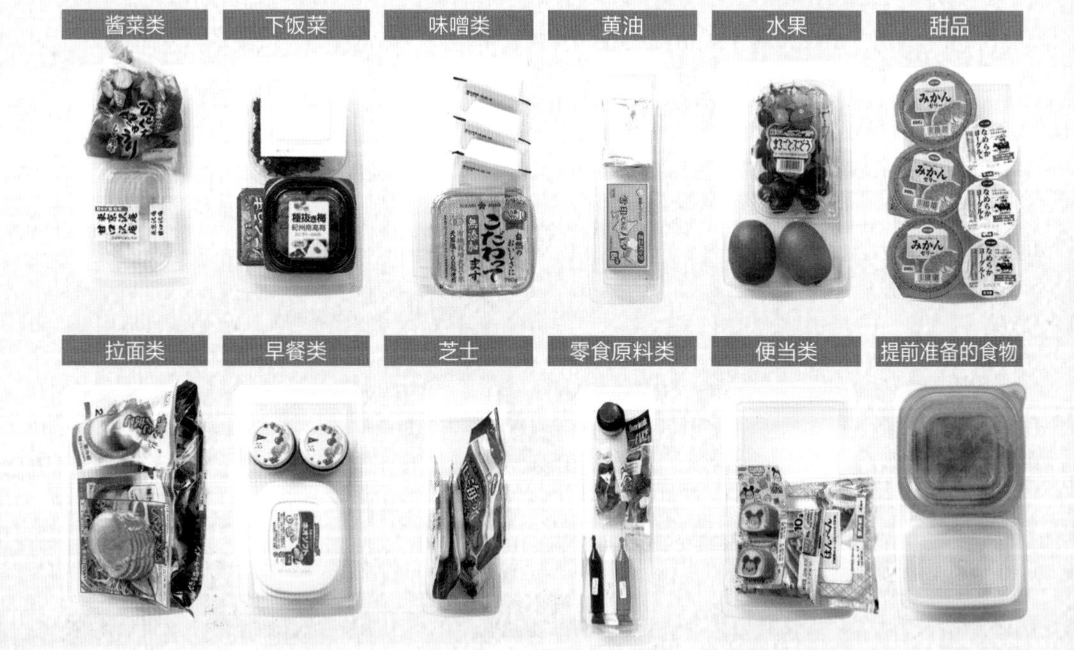

打开包装保存，使用的时候更方便

打开包装后可以放在筐子里保存。

留下空余位置，可以用来放别人送的食物（不方便拿取的放最上层最合适）

不需要勉强自己利用不方便拿取放回的区域（因为容易忘记）

把经常使用的物品放在从腰部到眼睛的高度

想让孩子独立取出的食品要放在孩子眼睛的高度

门架上的物品按照使用频率，将最常使用的物品放在外侧

零碎小物和药品也放在固定的位置就不会杂乱无章了

小件调味料和需要冷藏保存的药品等零碎物品要放在固定的位置保管。

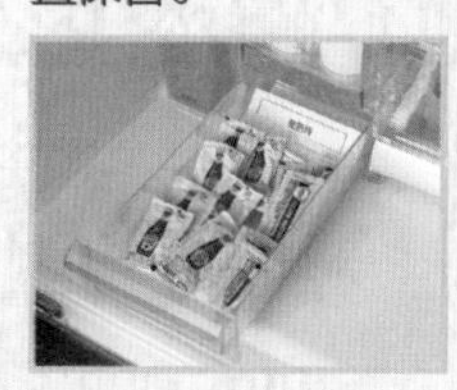

没有分区，位置较大的软冻室可以放一个盒子分割空间

只需要一个盒子就能分割空间，提高使用自由度。

管状物要放在容易看到、方便取出的位置

选择专用管架，使用起来更轻松。

双开门冰箱建议将经常使用的物品放在同一侧，这样就不需要多次开合另一扇门了

将经常使用的物品集中放在拿取方便的一侧门架上，这样也能兼顾节能。

储备食品

使用能够一眼看清库存的收纳方法，避免忘记使用和重复购买

整理

1 将糖、盐、干货、意大利面、荞麦面、罐头、调味料等常温保存的储备食品全部取出来。

2 有没有过了保质期或者变质的食品呢？只留下必要的食品。

需要放弃的候选物品

所有物品通用

- 现在没在使用的
- 没有发挥原本作用的
- 不知道要用在哪里的
- 没有承载回忆与感情的
- 以后不一定会用到的
- 无法收纳，只能搁置在外面的

另外……

- **变质的**
- **过期的**
- **如果囤了过量的物品，用完之前不要添置**

将调味料和干货装在另外的容器里

换装时要选择能够放下全部食品的容器。如果因为一个容器放不下而分两处存放，既浪费空间，又容易造成重复购买。

将调味料和干货装在另外的容器里

换装时要选择能够放下全部食品的容器。如果因为一个容器放不下而分两处存放的话，既浪费空间，又容易造成重复购买。

横放可以让库存管理变得简单

推荐把罐头横着放入抽屉中。这样一眼就能看到是什么罐头，也方便补充里层的罐头。这种方法可以让库存管理变得简单。

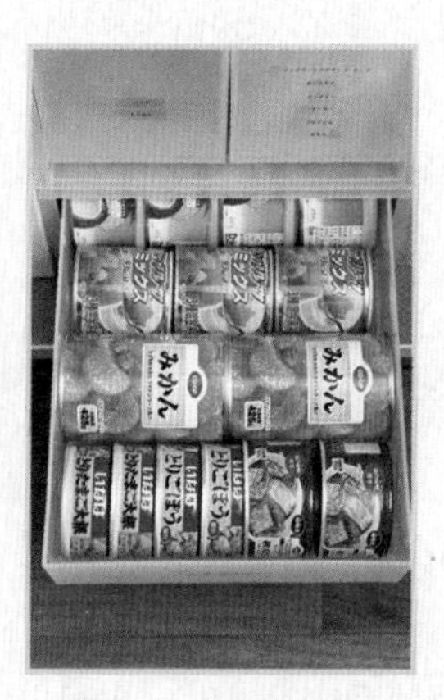

把意大利面放在抽屉里很方便

虽然有专门用于保存意大利面的容器，不过最轻松的方法是不换包装，直接横放在抽屉中。荞麦面等其他干面条也可以放在一起。

放在文件盒中

醋、酱油等瓶装调味料和意大利面等高度较高的物品可以放在文件盒中，适合放在较深的抽屉或者柜子中。

密封容器

尺寸不同时，
按照尺寸收纳可以方便拿取放回

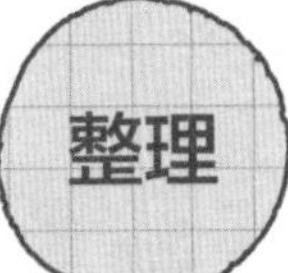

1 食物一般会装在密封容器中，不知不觉就会增加，把它们全部取出来。

2 分成需要的、不要的和要还回去的，趁此机会重新评估旧的、尺寸不合适的和不常用的物品是否需要。

需要放弃的候选物品

所有物品通用

- 现在没在使用的
- 没有发挥原本作用的
- 不知道要用在哪里的
- 没有承载回忆与感情的
- 以后不一定会用到的
- 无法收纳，只能搁置在外面的

另外……

- 坏掉的
- 没有盖子的
- 盖子盖不上的
- 密封不好的
- 有色素沉淀的

如果要放在架子上，推荐收纳在盒子里

将同类容器的盒子和盖子分开叠放能够节省空间。为了方便取用，可以竖着放在盒子里。将同种类密封容器放在一起保管绝对会很轻松。

按照尺寸叠放，收在抽屉中

如果抽屉中还有空间，也可以选择按照尺寸叠放排列的收纳方法。使用盒子分割空间后会更方便拿取。

文具

收纳零碎的小物品时，最重要的是区分！家人共同使用时要明确指出用完后应该放回到哪里

1 将文具全部取出来，也许抽屉深处放着很多已经被忘记的物品。

2 文具类中零碎的小物品很多，令人苦恼，分成需要的和不要的两类吧。

需要放弃的候选物品

所有物品通用
- 现在没在使用的
- 没有发挥原本作用的
- 不知道要用在哪里的
- 没有承载回忆与感情的
- 以后不一定会用到的
- 无法收纳，只能搁置在外面的

另外……
- 无法发挥作用的（如写不出字的笔等）
- 不好用的
- 如果囤了过量的物品，用完之前不要添置

方便选择 收纳

将抽屉的空间分割，把固定的物品放在固定的地方保管

用适合需要保管的物品大小的盒子分割抽屉空间。选择和拿取放回的便利性将大幅提升。外观也很整齐，能够提高整理的动力。

如果文具需要在不同地点使用，可以收纳在盒子中

选择带提手和分格的盒子能够方便挪动。适合孩子需要在不同地点使用的情况和放在外面的情况。

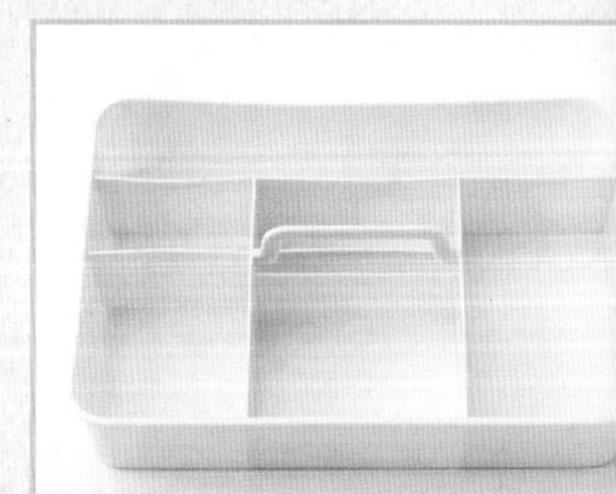

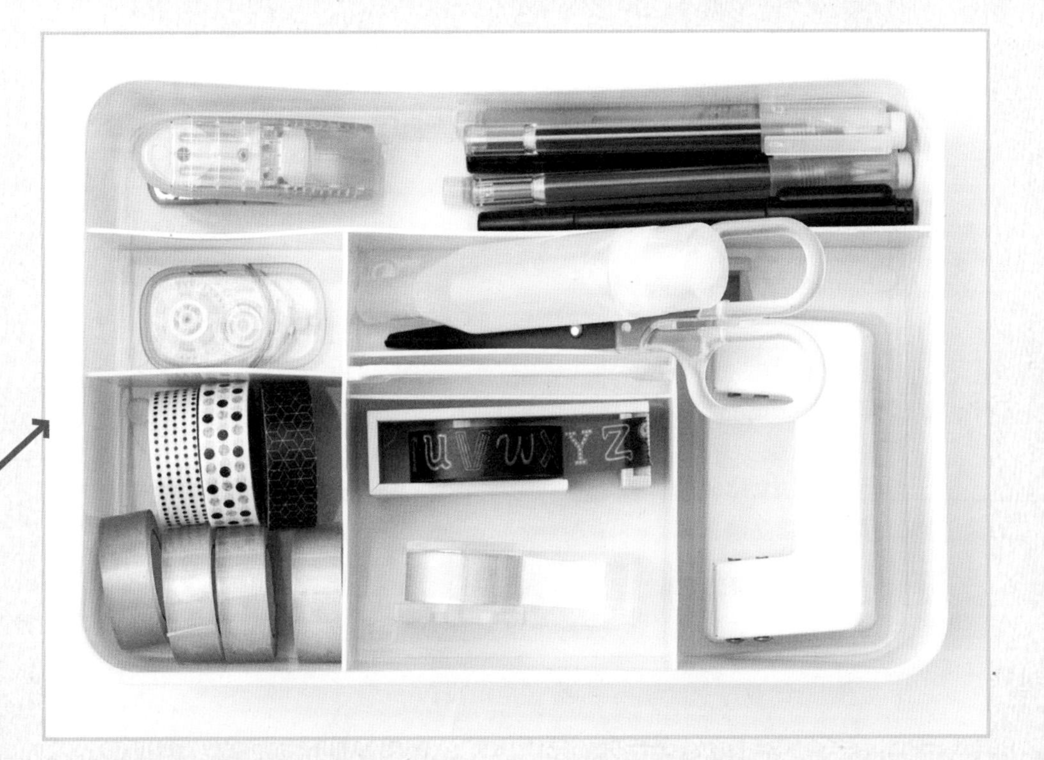

信件

信件积攒得多了，整理就会变得麻烦，创造出能够轻松保管的方法吧

起居室

整理

1 将没有整理过的明信片、信件、传单全部取出来。

2 分成需要的和不要的，除了必要的部分和想要保留的明信片、最新并且计划要用到的传单，全部都是需要放弃的候选物品。

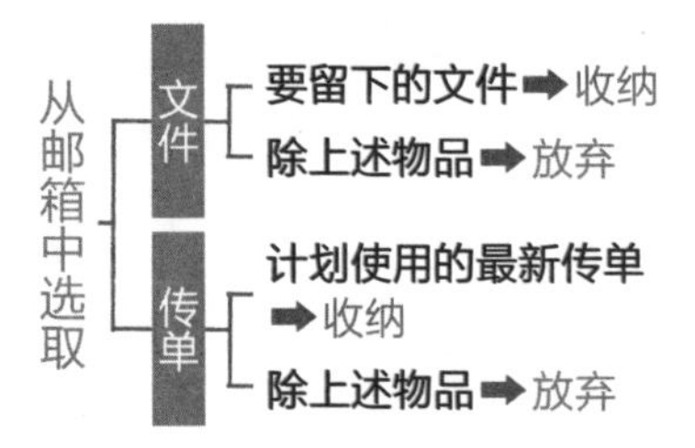

收纳

将必要的文件按照尺寸大小分类吧

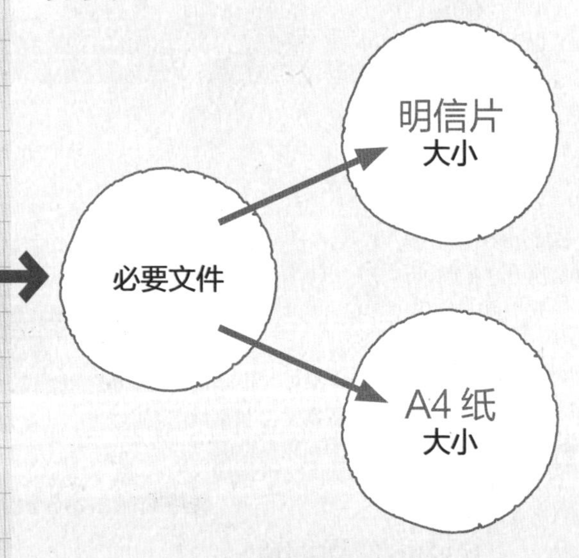

将按照尺寸分类后的物品再次细分

按照明信片和信件的纸张大小分类后，再将两类物品分别按照下面的方法分类。只进行粗略的“大分类”也可以，进行到“中分类”也没问题。选择适合自己的分类方式很重要，实际上如果做到“小分类”的话，今后的信件管理将变得非常轻松。

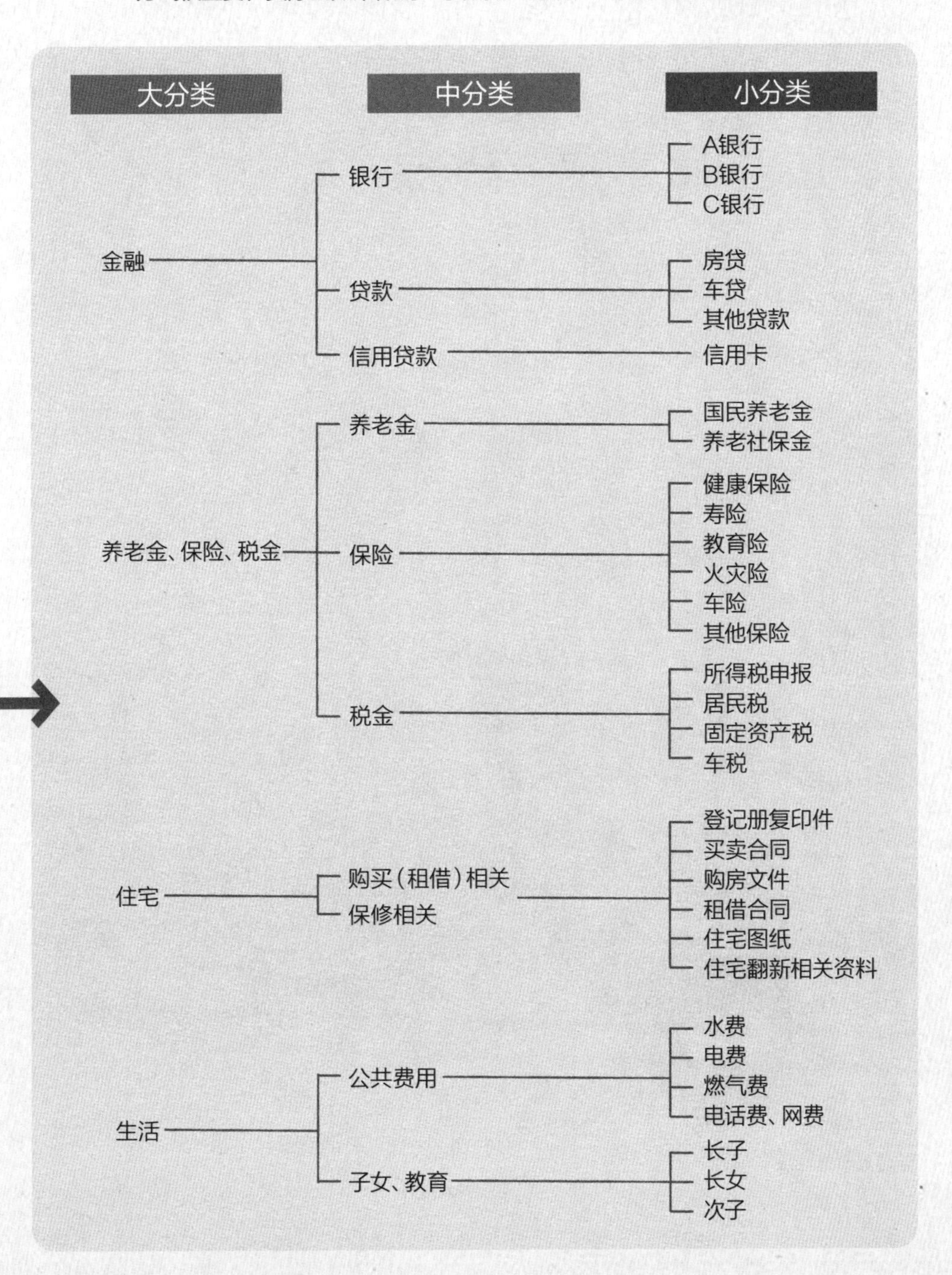

将分好类的物品分别收纳

选择能够保持下去的收纳方法十分重要。另外，将分好类的物品贴好标签，或者做好目录，放在容易拿取的地方同样重要。

拉链袋（明信片大小）

用拉链袋保管明信片大小的文件很轻松。只是如果只进行“大分类”或者“中分类”的话，每一类的数量会比较多，放在袋子中会很挤，因此推荐进行“小分类”。

文件袋

中间有分格的文件袋适合保存进行过“大分类”和“中分类”的文件。优点在于拿取、放回轻松，方便携带。

透明资料袋 + 文件盒

适合进行过“小分类”的文件。在透明资料袋上按照文件类型分别贴上标签，重点在于方便选取。

独立文件夹 + 文件盒

可以将明信片尺寸的文件对折后放进盒子里。

文件夹 + 活页夹

用活页夹和文件夹的组合分项装入文件，在标签贴纸上写明文件类型。

起居室

说明书

说明书攒得越多越不好整理，
选择能够轻松保持的收纳方法吧

整理

1 把所有说明书和保修卡都拿出来，是不是发现有很多都随手放在各处的抽屉和架子上？

2 处理掉已经不在的物品的说明书和保修卡吧，有人也许认为只要能在制造商网站上看到使用方法的物品的说明书也可以扔掉。

需要放弃的候选物品

所有物品通用
- 现在没在使用的
- 没有发挥原本作用的
- 不知道要用在哪里的
- 没有承载回忆与感情的
- 以后不一定会用到的
- 无法收纳，只能搁置在外面的

另外……
- 物品本身已经不在的
- 可以在制造商网站上看到的
- 信息已经更新的

方便阅览，清爽！最适合细致派

使用双孔活页夹容易阅览而且清爽，不过需要用打孔机给说明书打孔，适合不嫌麻烦的人。保修卡也可以一起放在活页夹中保管。

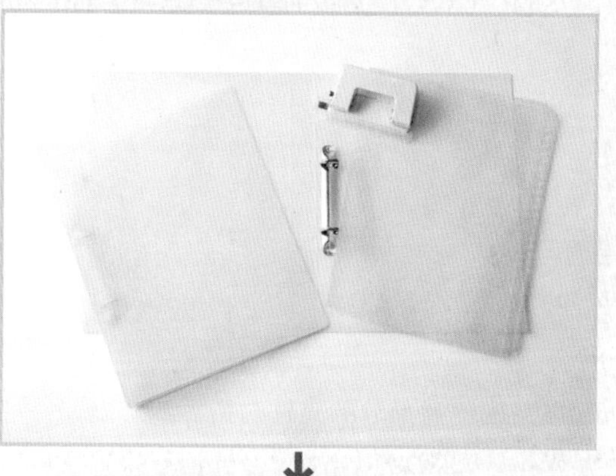

尽可能装起来

适合觉得花时间收纳太麻烦和不能长久保持收纳习惯的人。这种方法只需要把要收纳的说明书放进文件盒就行了。同时要准备文件夹用来存放保修卡。

分类管理，重视选取时的便利性

将说明书和保修卡成套放入文件夹后装进文件盒。为了能够一眼看清，提前贴好标签吧。

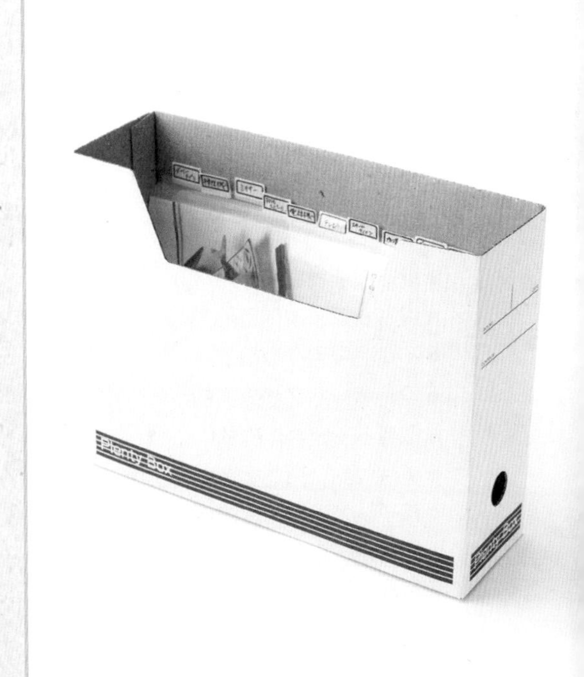

文件（学校类）

有一定时效性的文件和收到的回复等管理起来比较复杂的文件，制定好文件管理规则是保持整洁的关键

起居室

整理

1 把没有整理过的文件全部取出来，也许会找出不少本来只打算暂时保存的文件。

2 马上处理掉孩子说可以扔掉的试卷、作文本、以前的通知等没用的文件。

需要放弃的候选物品

所有物品通用

- 现在没在使用的
- 没有发挥原本作用的
- 不知道要用在哪里的
- 没有承载回忆与感情的
- 以后不一定会用到的
- 无法收纳，只能搁置在外面的

另外……

- **孩子认为可以扔掉的试卷、作文（留下有纪念意义的部分）**
- **过期的通知**
- **看过一次就可以扔掉的文件**

整洁 收纳 既省空间又清爽的收纳方法在这里

分成家长的文件和孩子的文件（如试卷）两类，收在双孔活页夹中。这样收纳虽然需要费功夫打孔，不过好处在于不需要的时候可以轻松地扯下扔掉。注意，有时效性的文件要放在文件夹中另行保管。

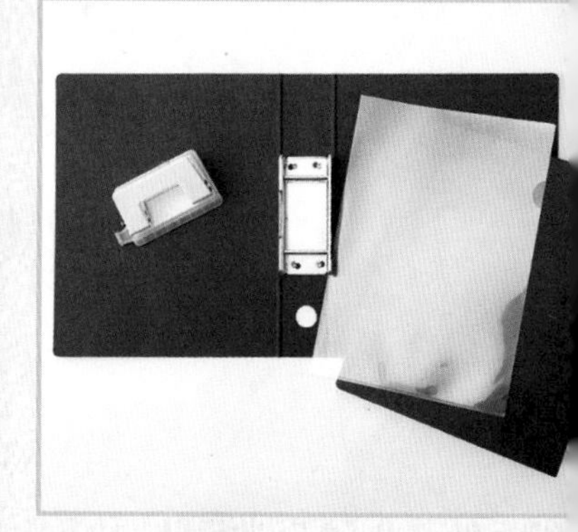

轻松 收纳 虽然占地方，但是所有人都能保持的简单方法

准备三层公文格，从上到下分别装入家长的文件、孩子的文件（如试卷）、有时效性的文件。装满后开始整理。

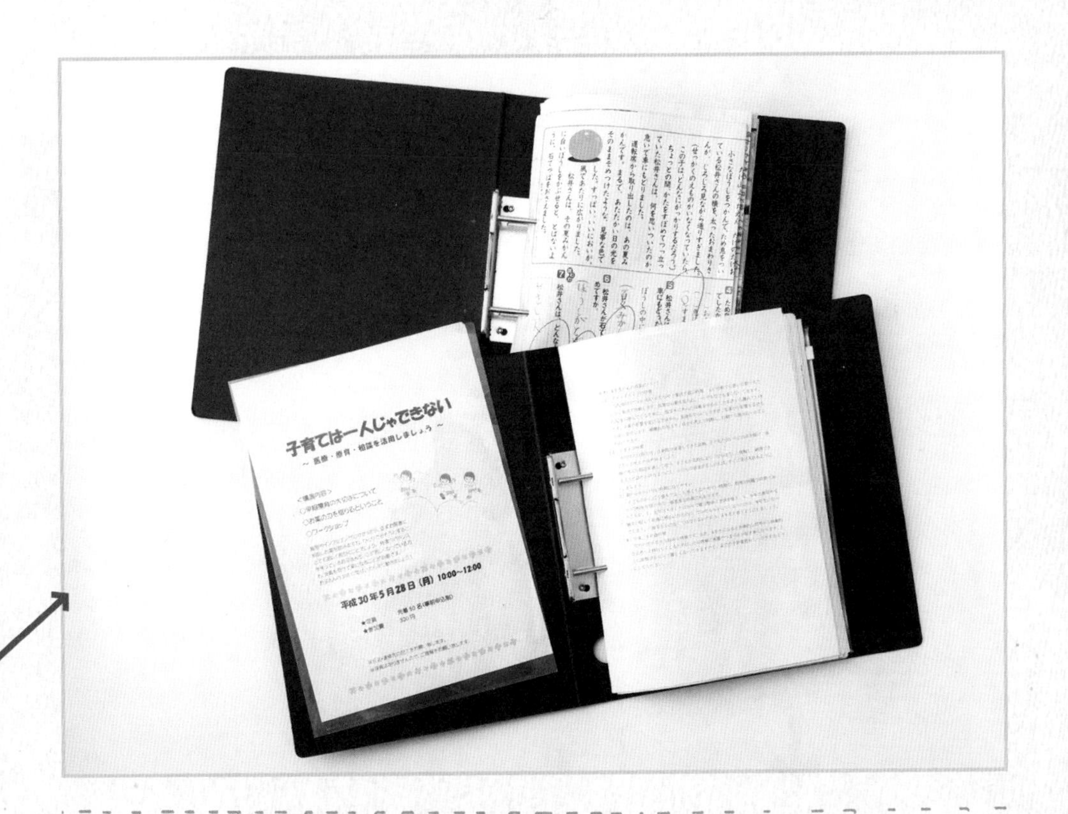
子育ては一人じゃできない
〜 医療・療育・相談を活用しましょう 〜
平成30年5月28日 (月) 10:00~12:00

书、杂志

越是喜欢书和杂志的人，
越需要以半年为期限定期整理自己的书和杂志

整理

1 将书架中的书和杂志全部取出来，如果很多，可以分地点分批次整理。

2 分成需要的和不要的，考虑到资讯会经常更新，所以过时的资讯类杂志是需要处理掉的候选物品。

需要放弃的候选物品

所有物品通用
- 现在没在使用的
- 没有发挥原本作用的
- 不知道要用在哪里的
- 没有承载回忆与感情的
- 以后不一定会用到的
- 无法收纳，只能搁置在外面的

另外……
- 半年以前的资讯类杂志
- 只喜欢其中几页的杂志→将喜欢的几页裁剪下，留在文件夹中

想要摆脱杂乱印象的话，选择文件盒吧

如果想要整洁的收纳方式，文件盒是最合适的。只要旋转文件盒的方向就能一下子变得整洁。缺点在于将文件盒放在架子上后，不方便取出想要的书和杂志。

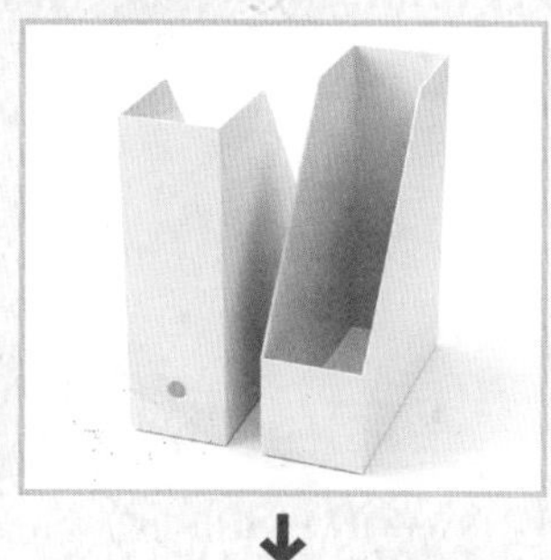

要想更方便地使用书架
就要加入隔断

只需要在书架上加入书立就可以让拿取放回的过程变得容易，关键在于书和杂志不要排得太紧。

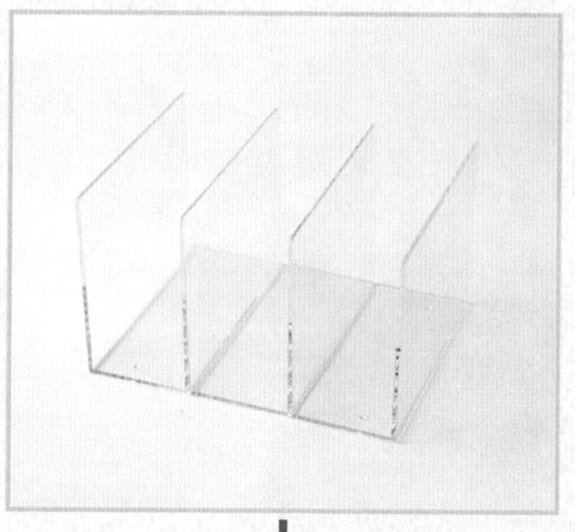

在你平时读书的地方
放上杂志架吧

适合懒人的收纳方法，在沙发旁边等平时读书的地方放上杂志架，就可以防止随手乱放。

衣物

衣物的收纳重点在于选择能够坚持的方法，留下自己能够管理的数量

整理

1 因为衣物的数量很多，让我们按照类别进行整理收纳吧，比如整理上衣时就取出所有上衣。

↓

2 分成需要的和不要的，无法判断时就穿上看看，觉得不想穿出门的话就列入放弃物品候选中。

需要放弃的候选物品

所有物品通用
- 现在没在使用的
- 没有发挥原本作用的
- 不知道要用在哪里的
- 没有承载回忆与感情的
- 以后不一定会用到的
- 无法收纳，只能搁置在外面的

另外……
- 不适合现在的自己的
- 松紧没有弹性的
- 穿着不舒服的
- 有斑点、污渍、变色的
- 布料磨薄了的

→

上衣

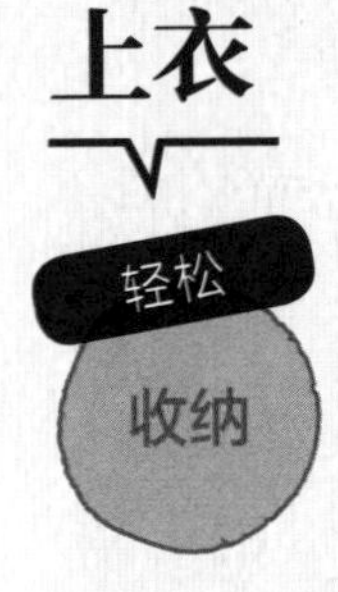

如果空间充足，利用衣架收纳是最轻松的方法

利用衣架收纳省去了叠衣服的麻烦。如果晾衣服的衣架和挂衣服的衣架是同一个，就可以在晾干后直接放入衣柜中了，很方便。不过不适合介意衣服变形的人。

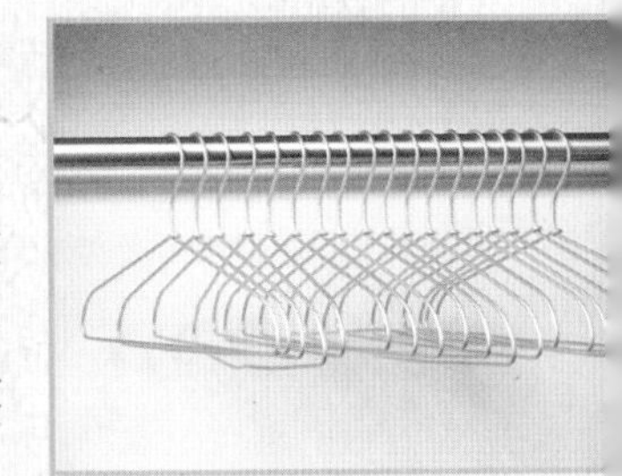

↓

使用衬衫架
有效利用空间

与其他衣物相比，衬衫挂在衣架上更容易起皱褶。如果没有叠起来收纳的空间，选择节省空间的挂式衬衫架会很方便，也能有效利用空间。不过这种方式不适合觉得叠衣服麻烦的人。

→

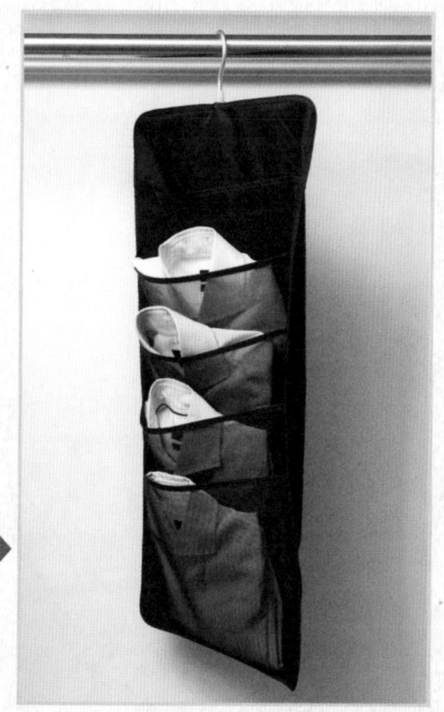

利用抽屉

如果没有足够的空间使用衣架收纳，可以将T恤叠起来立着放在抽屉里，使用分隔筐能保证拿取时衣服不会倒下。

将衬衫放入抽屉中

将衬衫放在抽屉中时，请选择较浅的抽屉，最多叠放2、3层，避免衬衫领子塌掉的诀窍是将重叠放置的两件衬衫错开一些。

下装

挂在下装专用衣架上

如果空间充足，容易皱的下装也可以挂在衣架上。市面上有一种方便的连体衣架，可以节省空间。

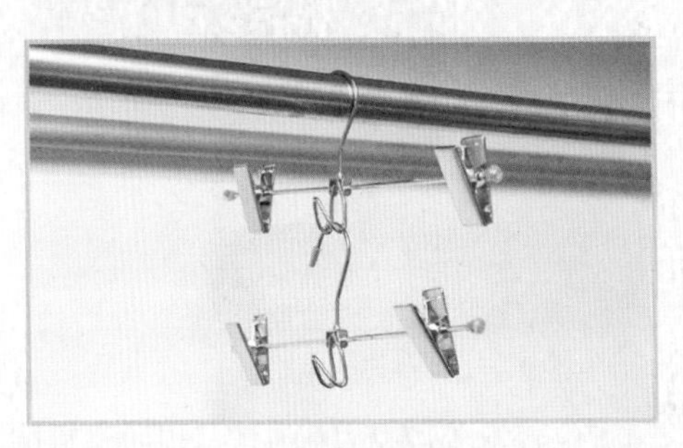

↓

放在抽屉中的话，竖着放比较方便拿取

如果没有挂衣架的地方，可以叠起来竖着放在抽屉里。先在抽屉里放分隔筐，然后放入无法自己立住的下装。不过这种方式不适合会介意衣服变形的人。

↓

袜子

只需要随意扔进筐里

在抽屉中放入筐子，然后只要把袜子扔进去就好，这是适合懒人的收纳法。短袜的话最好将两只套起来，连裤袜和长筒袜需要叠起来再放。

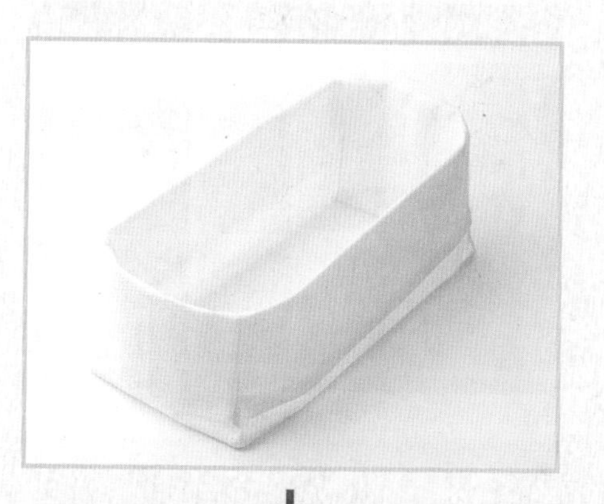

↓

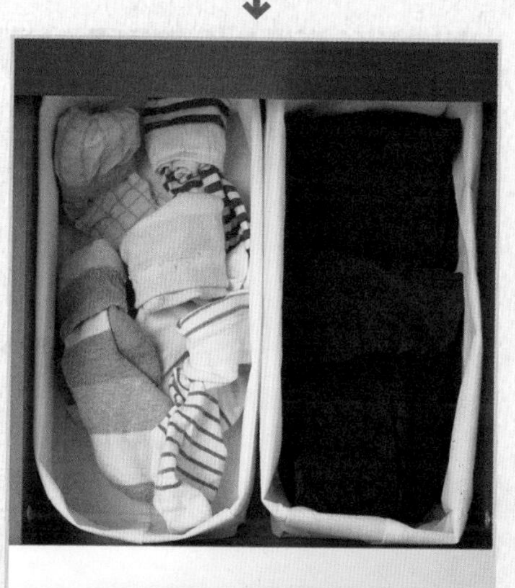

尽收眼底，方便管理

用分隔板分隔抽屉空间，每个小格放一双袜子。虽然分格比较费功夫，不过省去了每天早上找袜子的时间。

↓

内衣裤

轻松解决杂乱问题

内衣放在抽屉里容易显得杂乱，放进筐子再装入抽屉可以立刻变得整洁。胸罩不需要叠，直接放入筐里即可。内裤可以先叠小，然后立着放入筐里。

↓

一格一件，可以轻松选择

用隔板分开抽屉的空间。胸罩需要将两个罩杯叠在一起，所以不适合介意衣服变形的人。

↓

衣柜

皮带、领带

一目了然，方便选择

用隔板分开抽屉的空间，一个格子中放一条。虽然分格比较费事，不过为了选择时的便利，这种方法绝对值得推荐。

收在壁挂袋中

在壁橱墙面上安装支撑杆，用“S”形挂钩将壁挂袋挂上支撑杆就完成了收纳的准备工作。这种收纳方式可以充分利用壁橱的空间。

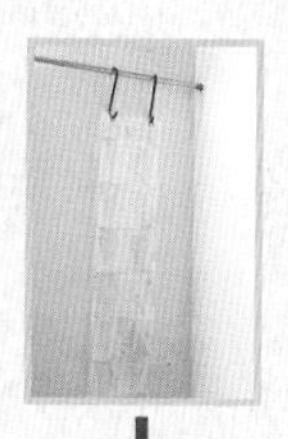

只需要挂在皮带、领带专用架上即可

如果有足够的空间，使用皮带、领带专用架也是一种办法。需要注意的是一个架子上挂太多会不好拿取。

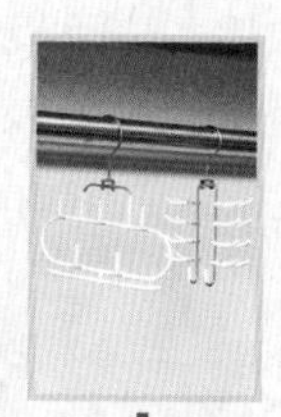

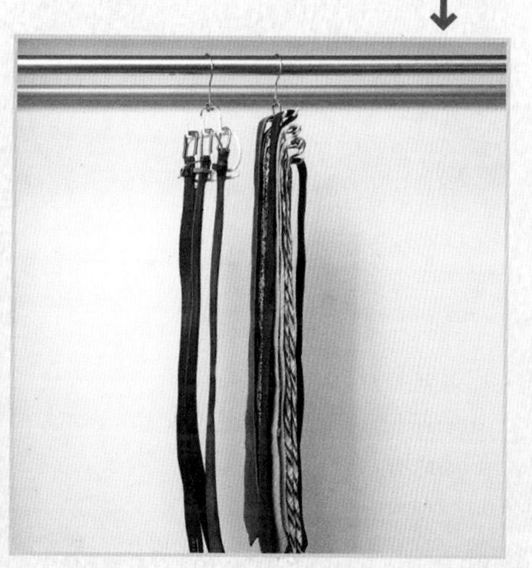

饰品

方便拿取的收纳、单独收纳、装饰性收纳……
选择能够坚持，能够让自己开心的收纳方法吧

整理

1 取出全部饰品，眼镜、手表等想要和饰品放在一起管理的物品也一起拿出来。

2 分成需要的和不要的，因为饰品价格昂贵所以很难舍弃，不过无法佩戴的还是要列入需要放弃的候选物品中。

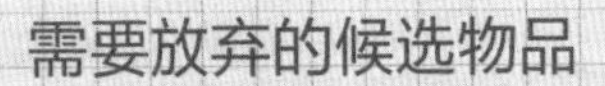

需要放弃的候选物品

所有物品通用

- 现在没在使用的
- 没有发挥原本作用的
- 不知道要用在哪里的
- 没有承载回忆与感情的
- 以后不一定会用到的
- 无法收纳，只能搁置在外面的

另外……

- 只剩一只的（如耳环等成对的饰品）
- 尺码不对的（如戴不上的戒指）
- 损坏的
- 与现有服装不搭的

只选出经常佩戴的饰品放在外面

放入透明容器中，再装进托盘，每个透明容器装一套，这样在挑选饰品时会很方便，适合懒人。

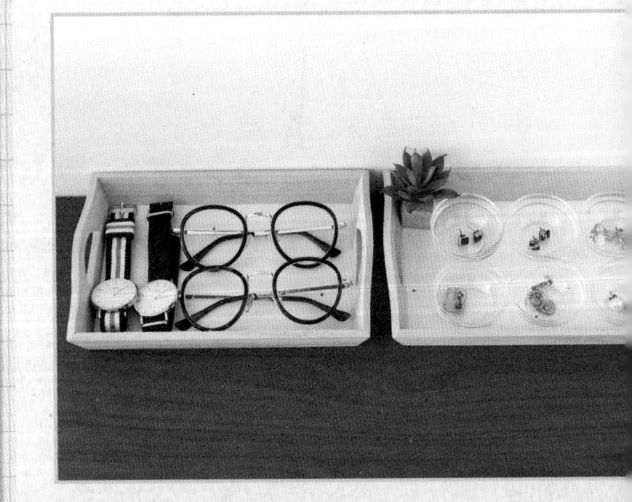

分别放在拉链袋中，然后收进盒子里

将小件饰品分组放入小拉链袋中，然后一起放入盒子，旅行时方便携带。

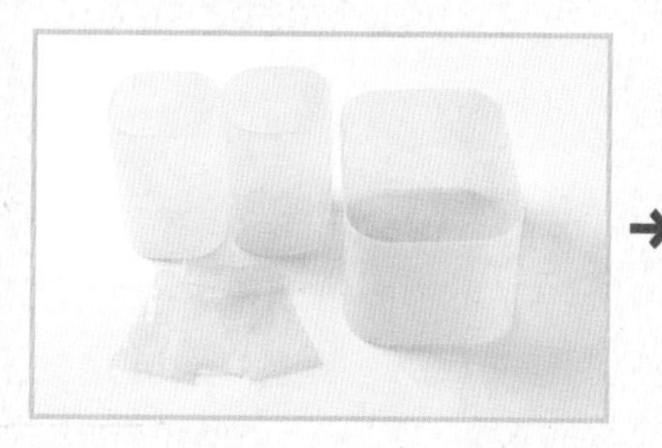

用墙壁袋收纳既可爱又可以当作室内装饰

巧妙利用墙壁袋收纳饰品，适合没有抽屉或家居空间小的人。既能方便选择，又能装饰墙壁，是一举两得的收纳方法。

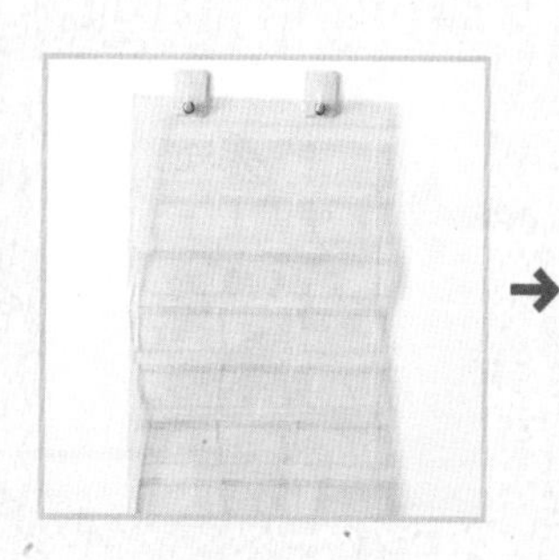

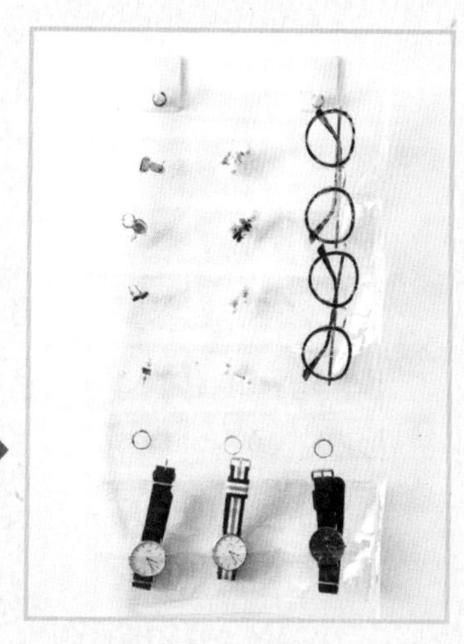

使用首饰盒，展示性收纳

如果你很喜欢饰品，每天都想看到它们，推荐使用首饰盒。与其他收纳方法相比，用首饰盒收纳需要占用更多空间，推荐那些不惜挤占生活空间也希望能随时欣赏到饰品的人。

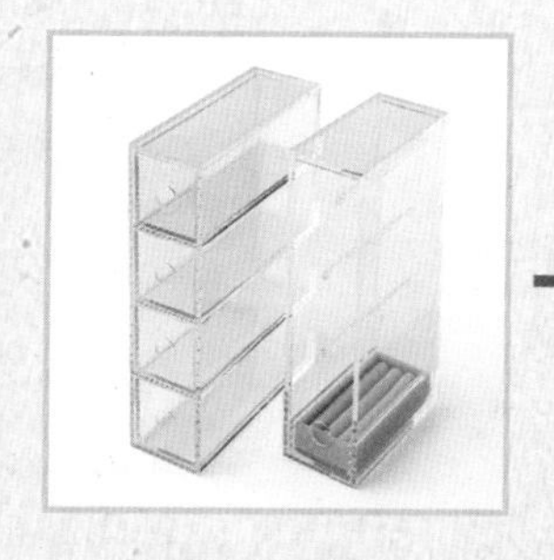

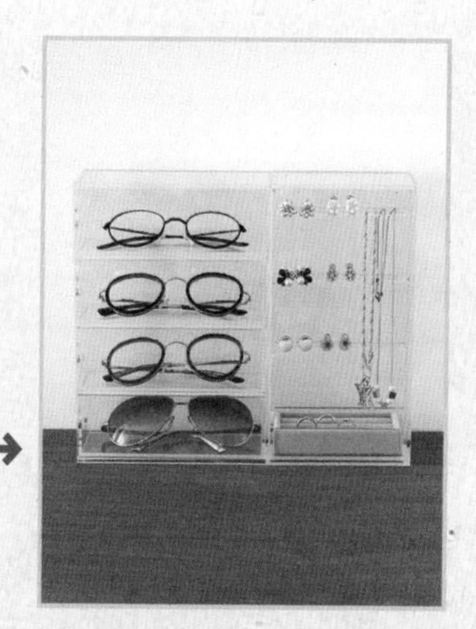

包

考虑到包的体积较大，在收纳空间较少时，严格挑选很重要

1 把家里的包全部取出来，也许会找到很多白白占据衣柜空间的包。

2 分选出不要的，质量变差的和尺寸不再合适的包都要列入需要放弃的候选物品中。

需要放弃的候选物品

所有物品通用
- 现在没在使用的
- 没有发挥原本作用的
- 不知道要用在哪里的
- 没有承载回忆与感情的
- 以后不一定会用到的
- 无法收纳，只能搁置在外面的

另外……
- 破损的，不想修理的
- 与现有的服装不搭的
- 不方便使用的
- 背着很累的

防止变形

适合贵重的包和空间充足的人

将立式文件盒的开口朝外，把包放进去。这样既能方便拿取放回，也能防止变形，不过比较占地方，所以推荐给空间充足的人。贵重的包适合用这种方式收纳。

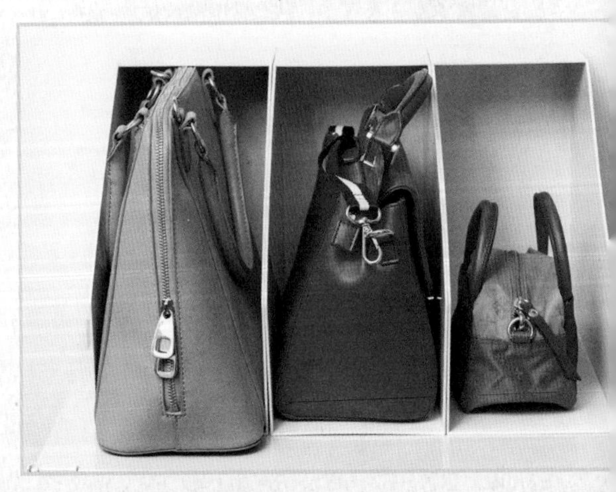

只需要放进箱子里就好

只需要放进箱子里就好的简单收纳法。选择带提手的箱子拿取会很方便，经常使用的包放在没有盖子的箱子里，不经常使用的放在带盖子的箱子里。

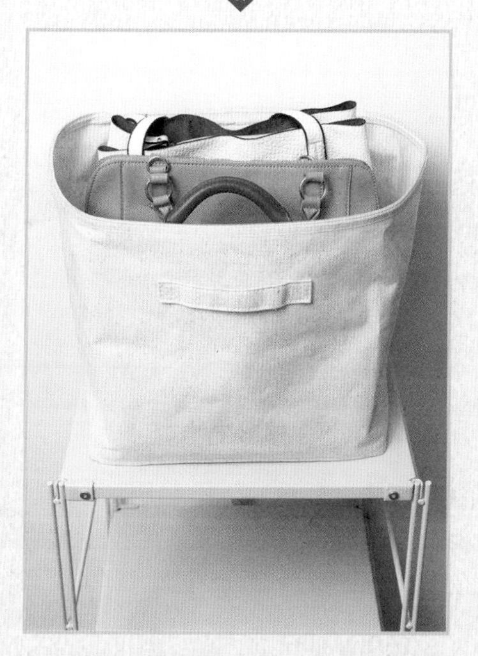

使用吊挂式收纳，有效利用空间

可以使用长度不同的“S”形挂钩将包挂在支撑杆上。这种收纳方式可以在较小的空间内让包与包间互不重叠，有效利用空间。

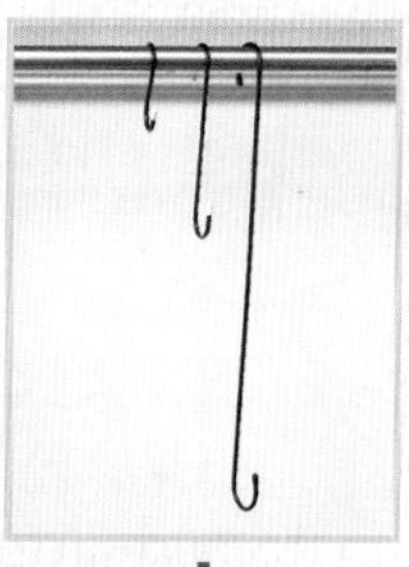

毛巾

大家都想把毛巾放在使用地点附近，重点是不要放太多

整理

1 把家里的毛巾全部取出来，包括不知道哪里来的劣质毛巾和别人送的毛巾。

2 分成需要的和不要的，哪怕是别人送的毛巾，如果因为花纹和室内装饰不搭等原因而不会使用的，也要列入需要放弃的候选物品中。

需要放弃的候选物品

所有物品通用

- 现在没在使用的
- 没有发挥原本作用的
- 不知道要用在哪里的
- 没有承载回忆与感情的
- 以后不一定会用到的
- 无法收纳，只能搁置在外面的

另外……

- 触感不舒服的
- 变色的
- 开线的
- 失去吸水性的

如果有抽屉，就充分利用吧

这是正统的毛巾收纳方式，如果卫生间有抽屉，推荐采用这种收纳方法。建议把收纳盒放进抽屉，将毛巾竖着放入收纳盒，这样拿取放回时会很轻松。

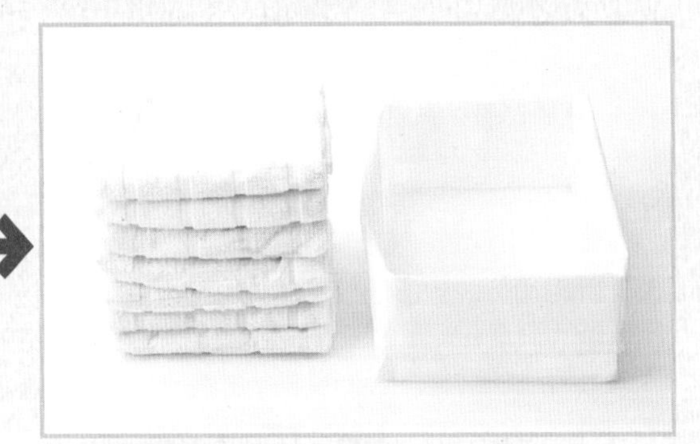

毛巾的墙壁收纳法

在墙上竖着安装两根毛巾杆，将毛巾夹在墙壁和杆子间。推荐给为卫生间里没有收纳毛巾的空间而烦恼的人。

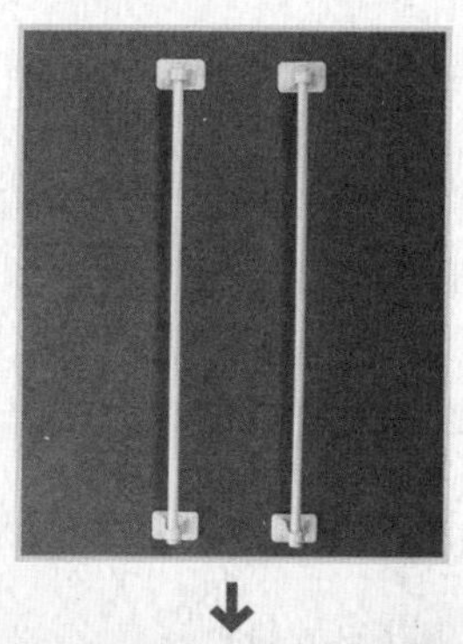

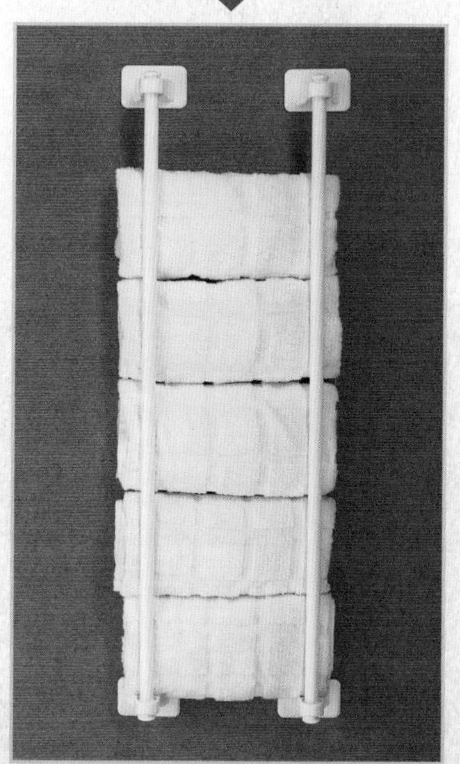

既省空间又轻松的收纳法

放在筐里，方便拿取放回。可以有效利用洗衣机上方等空间。不过因为是露天放置，不适合介意积灰的人。

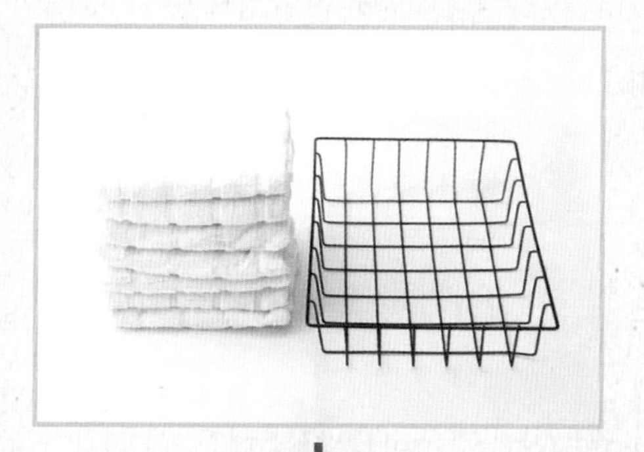

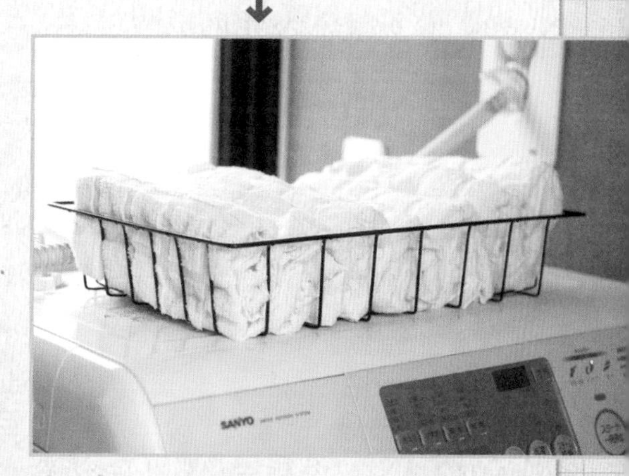

护肤品

护肤品的无序摆放容易造成卫生间杂乱，严格挑选护肤品可以让使用更加方便

卫生间

整理

1 把家里的护肤品全部取出来，包括没用完但不再使用的、不适合发质和肤质的。

2 分成需要的和不要的，除了正在使用、喜欢使用的之外，全部是需要放弃的候选物品。

需要放弃的候选物品

所有物品通用
- 现在没在使用的
- 没有发挥原本作用的
- 不知道要用在哪里的
- 没有承载回忆与感情的
- 以后不一定会用到的
- 无法收纳，只能搁置在外面的

另外……
- **几年都没用过的**
- **不适合自己的**

一盒一件，放满后不再增加

卫生间的收纳空间有限，正因为如此才要使用“一盒一件”的收纳方式。在盒子上贴好标签，明确放在里面的是哪一款护肤品，就能实现“不再增加”和“用完后放回固定位置”的目的。

没有收纳空间时就统一放在盒子里

如果没有护肤品收纳空间，只能选择收在镜子背面等方式的话，可以统一放在盒子中。将盒子分成小格，将护肤品立起来放进去，既可以防止杂乱又方便拿取。

↓

按照使用者分盒收纳

统一放在盒子中时，可以选择不同人的护肤品放在不同盒子中的方法。用这种方法收纳，选择可以叠放的盒子就能有效利用空间。

↓

吹风机、梳子

吹风机和梳子一般会一起使用，所以放在一起会比较方便

整理

1 把家里的吹风机和梳子全部取出来，应该有不少人只有一把吹风机，却有扁梳、圆卷发梳等多把梳子。

2 分成需要的和不要的，也许能找出不少旧梳子和宾馆里的一次性梳子等不需要的。

需要放弃的候选物品

所有物品通用

- 现在没在使用的
- 没有发挥原本作用的
- 不知道要用在哪里的
- 没有承载回忆与感情的
- 以后不一定会用到的
- 无法收纳，只能搁置在外面的

另外……

- **现在不再使用的卷发吹风机**
- **现在不再使用的卷发梳**
- **质量变差的梳子**

整洁 收纳

一套放一盒，移动也方便

将吹风机和梳子成套放入盒子，收在抽屉或者架子上。推荐给重视整洁的人。缺点是拿取放回有些麻烦，优点是移动方便，适合在不同地点使用的人。

轻松 收纳

放在外面，使用专用托架

使用能挂在门上或桌子上的专用托架也是一个方法。这样收纳的魅力在于放在外面可以立刻拿起来使用，推荐给懒人。

HAIR DRYER & HAIRBRUSH

洗涤剂

请结合洗涤剂的种类、数量和洗手间的空间，以及便利程度等因素选择收纳方法

整理

1 把家里的洗涤剂全部取出来，也许在洗脸池下的架子深处还有未拆封的洗涤剂呢。

2 分成需要的和不要的，也许觉得很多物品还能用，扔了可惜，不过以下几种很明显应该放在需要放弃的候选物品中。

需要放弃的候选物品

所有物品通用
- 现在没在使用的
- 没有发挥原本作用的
- 不知道要用在哪里的
- 没有承载回忆与感情的
- 以后不一定会用到的
- 无法收纳，只能搁置在外面的

另外……
- 因为不适合肤质等原因不会使用的
- 气味不合适的
- 如果囤了过量的物品，用完之前不要添置

如果有架子，只需要放整齐就可以了

有架子的就可以直接放在上面了，这是最轻松的收纳方法。这样可以减少拿取放回时的动作，不过如果家里有小孩子，要放在他们够不到的高度。

换瓶收纳能让心情变愉快

洗涤剂的容器大多色彩鲜艳，放在一起会给人杂乱的感觉。如果能置换到自己喜欢的统一容器里，既能让心情变愉快，又能让外观显得整洁。

↓

只需要放进去，立刻变轻松

想要整洁，又觉得换瓶麻烦的话，可以放在宽文件盒里。请选择聚丙烯等材质的文件盒，这样就算有液体渗出也能轻易清洗干净。

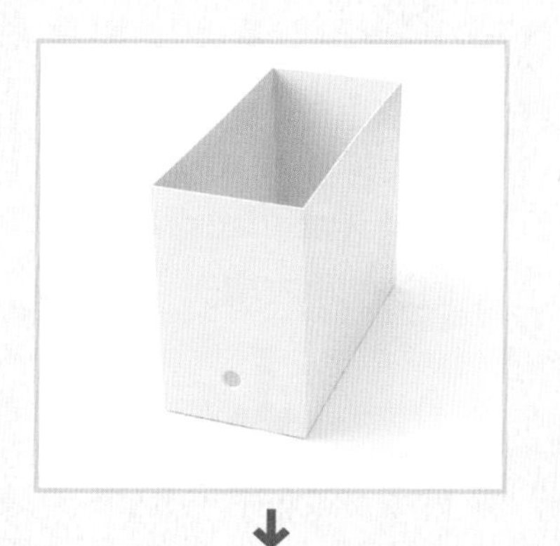

↓

衣架

难以收纳的物品之一——衣架，
请尽量选择不给自己造成压力的收纳方法

整理

1 把家里的衣架全部取出来，包括干洗店赠送的衣架和买童装时附送的小衣架。

2 分成需要的和不要的，尽量统一种类，这样更容易收纳。

需要放弃的候选物品

所有物品通用
- 现在没在使用的
- 没有发挥原本作用的
- 不知道要用在哪里的
- 没有承载回忆与感情的
- 以后不一定会用到的
- 无法收纳，只能搁置在外面的

另外……
- 折断的
- 破损的
- 形状不方便使用的
- 不好收纳的

既省空间又方便拿取，最普通的收纳方法

衣架是一种不好收纳的物品，因为它们总是缠在一起。可以将文件盒立起来做成专门收纳衣架的容器，这样既整洁又省空间，也能在一定程度上实现方便拿取的目的。

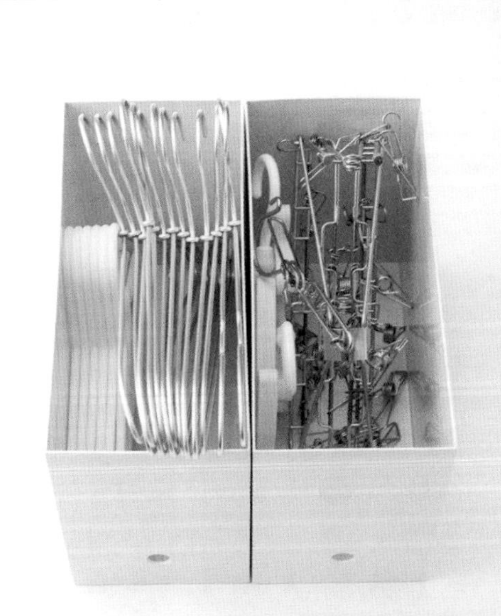

粗略地收纳在大号篮子中

选择大号篮子，专门用于放衣架。使用这种粗略的收纳方式能减轻拿取放回时的压力，适合空间充足的人。

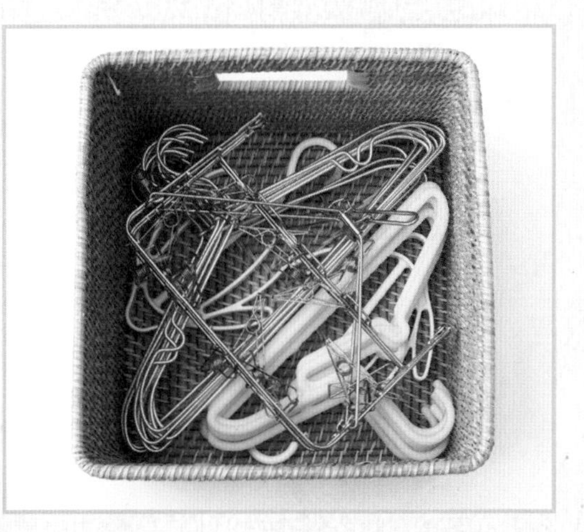

如果有没被有效利用的空间，也可以选择挂在支撑杆上的方法

当缺少收纳空间，但如洗衣机上有没被有效利用的空间时，可以选择在这些空间安装支撑杆，将衣架挂在上面。这种方法的魅力在于放回时能做到同步收纳。

鞋子

下面为大家介绍能有效增加鞋子收纳量的物品

玄关

整理

1 把家里的鞋子全部取出来，是不是有不少尺寸不合适的童鞋，还有鞋跟磨损了的皮鞋等不能穿的鞋子？

2 分成需要的和不要的，就算价格昂贵，只要不能穿了就应该列入需要放弃的候选物品中。

需要放弃的候选物品

所有物品通用

- 现在没在使用的
- 没有发挥原本作用的
- 不知道要用在哪里的
- 没有承载回忆与感情的
- 以后不一定会用到的
- 无法收纳，只能搁置在外面的

另外……

- 鞋跟磨损，不想修补的
- 穿上脚会痛的
- 与现有服装不搭的
- 尺寸不合适的

用支撑杆代替隔板

架子的隔断较宽时，大家都会想要有效利用架子内的空间吧。这时在架子上部的深处安装支撑杆就可以挂高跟鞋了。

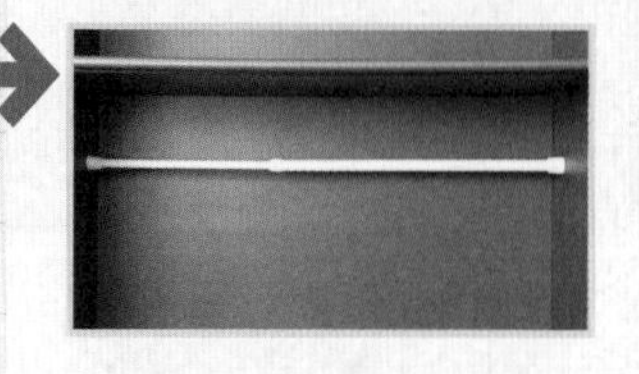

适合这种情况

很多架子的隔板是活动式的，放靴子时可以调大隔板间的距离。这样的架子适合安装支撑杆。

不常穿的鞋子的保管方法

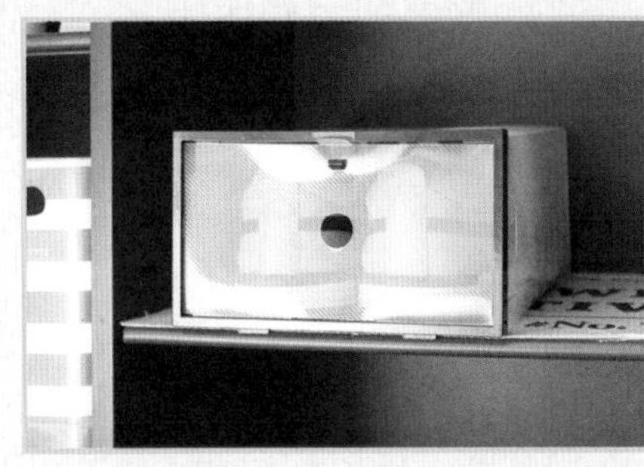

偶尔才会穿的鞋子可以装进鞋盒中，放在架子最上方等不容易拿取的位置。如果鞋盒选择前面能打开的透明盒子，就可以在不移动盒子的情况下看到其中的鞋子并拿取放回。

有效利用空间

收纳

用网格筐增加架子的承载量

把网格筐挂在架子上，适合装入童鞋等体积较小的鞋子。

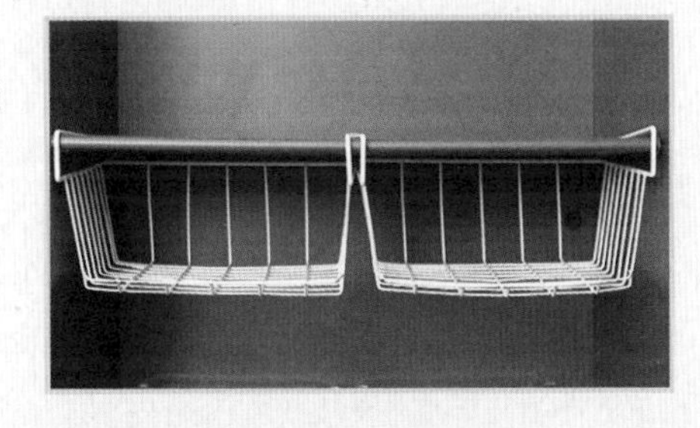

有效利用空间

收纳

“L”形架也是增加收纳量的强大伙伴

使用“L”形架可以将鞋子摞起来收纳。

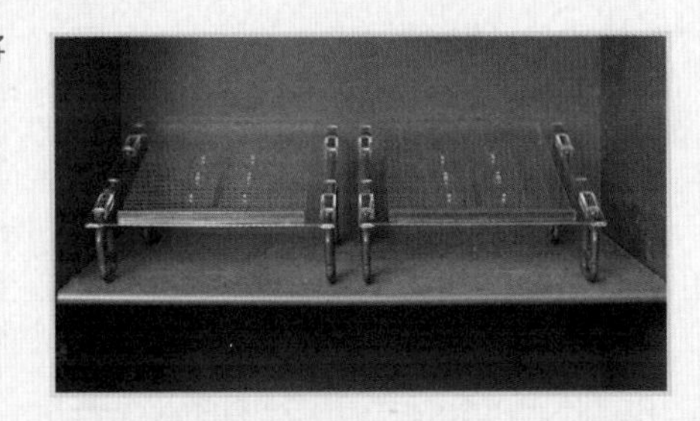

伞

伞是一种能改变玄关给人的印象的物品，下面介绍不破坏玄关整洁感的伞的收纳方法

玄关

整理

1 把家里的伞全部取出来，不少人家里会有超出所需数量的伞，请一把不漏地找出来。

2 一边检查有没有破损的，一边分成需要的和不要的。

需要放弃的候选物品

所有物品通用

- 现在没在使用的
- 没有发挥原本作用的
- 不知道要用在哪里的
- 没有承载回忆与感情的
- 以后不一定会用到的
- 无法收纳，只能搁置在外面的

另外……

- 破损的
- 孩子小时候用的
- 多余的（相对于家里人数而言）

将多用途筐当成伞架使用

用多用途筐的部件拼出伞架。魅力在于既能做到定制化（网格面和塑料板面如何搭配可以自己来定），又很便宜。

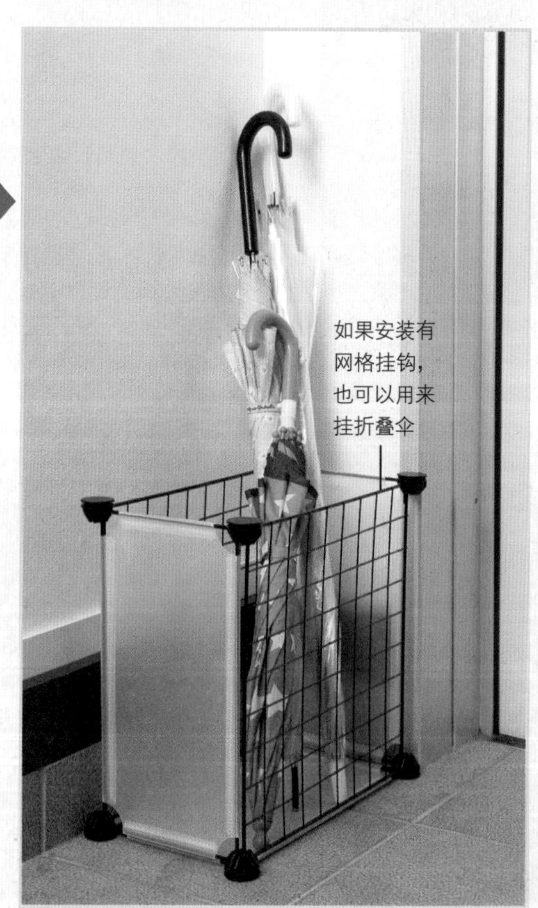

如果安装有网格挂钩，也可以用来挂折叠伞

利用玄关门收纳伞

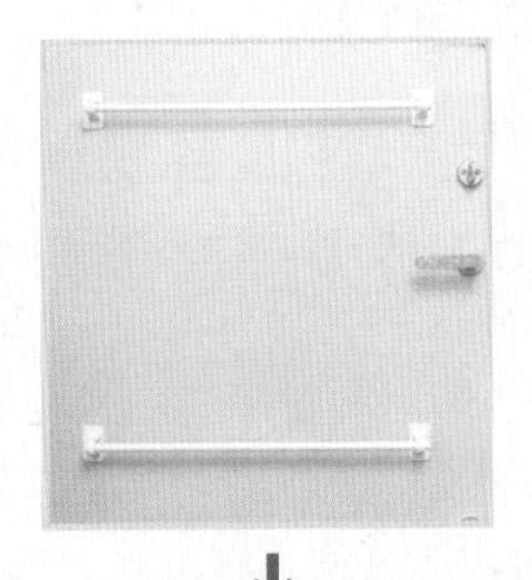

在玄关门上安装两根毛巾杆，只需要把伞挂在毛巾杆上就可以了。这是一种灵活利用玄关门的收纳法，推荐给没有空间放伞架的人，以及不希望玄关空间显得狭窄的人。

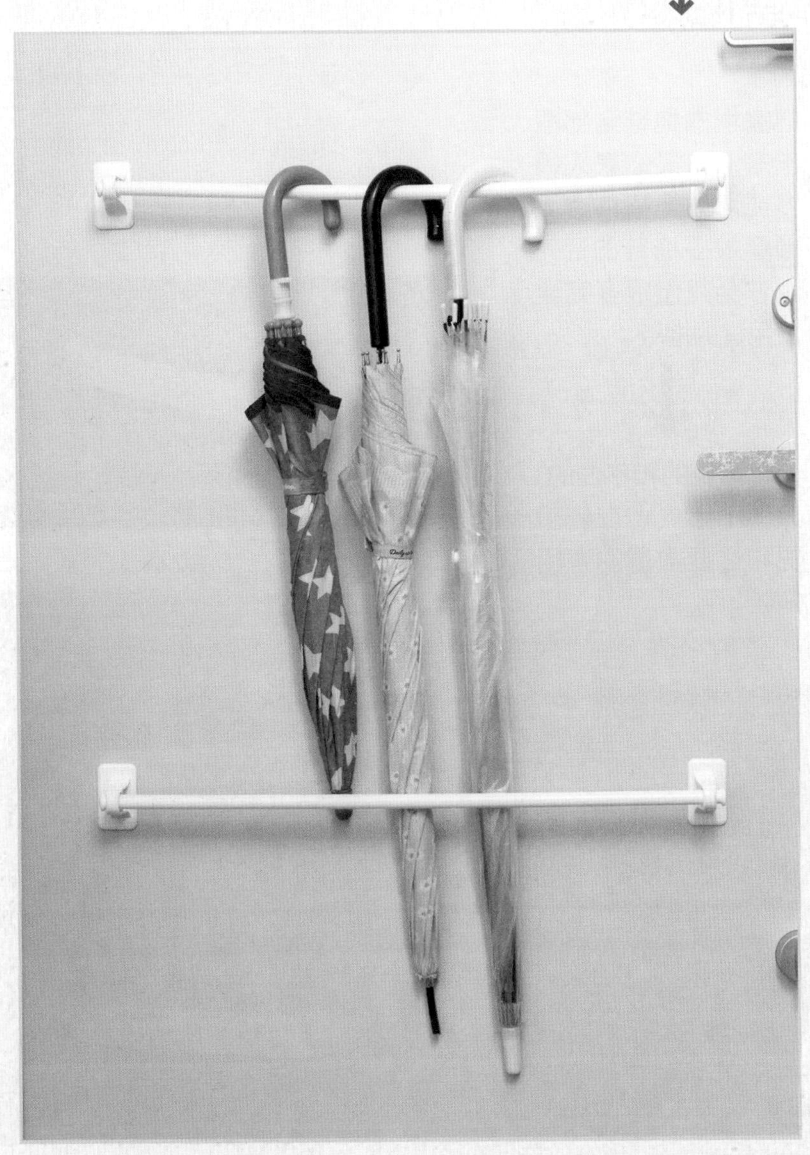

拖鞋

拖鞋是一种很容易就不知道该放在什么地方的物品，
将数量减少到最少，然后确定固定的放置地点

整理

1 把家里的拖鞋全部取出来，如果你家人很多或习惯为招待客人准备很多拖鞋的话，也许会找出很多完全没用过的拖鞋。

2 分成需要的和不要的，只留下家人现在使用的和必要数量的客用拖鞋。

需要放弃的候选物品

所有物品通用
- 现在没在使用的
- 没有发挥原本作用的
- 不知道要用在哪里的
- 没有承载回忆与感情的
- 以后不一定会用到的
- 无法收纳，只能搁置在外面的

另外……
- 已经被压扁的
- 穿着不舒服的
- 过多的
- 破损的

将客人用的拖鞋收在鞋柜门的内侧

不常使用的客用拖鞋可以利用门的内侧空间进行收纳。只需要安装两根可拆卸的吸盘式毛巾杆就可以了，毛巾杆可以夹住拖鞋。

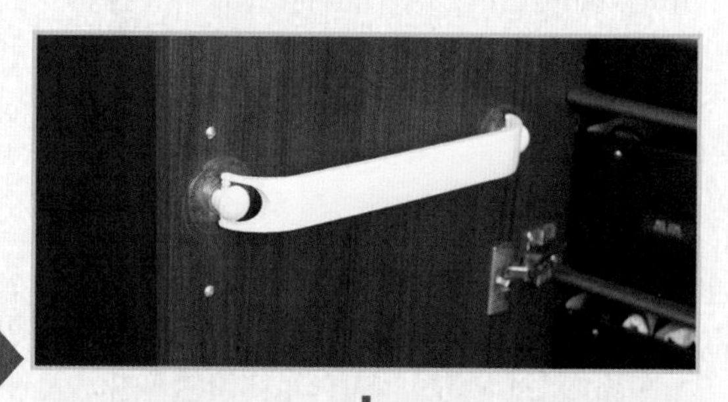

↓

利用案板架
做出个人专用的拖鞋架

如果要放置个人专用的拖鞋，可以使用案板架。案板架体型小巧，方便移动，可以专门给在玄关和其他地方穿脱拖鞋的人用。

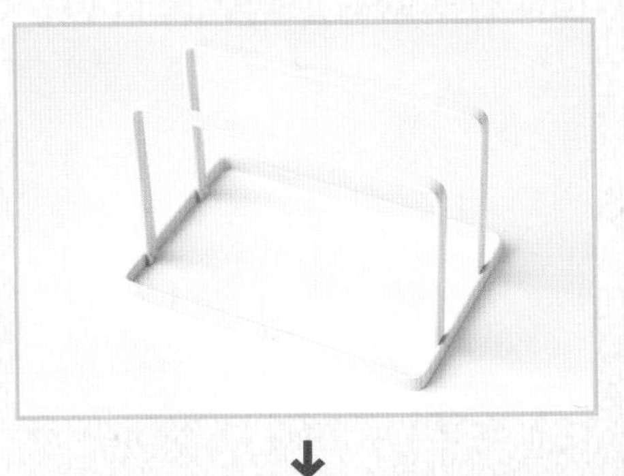

↓

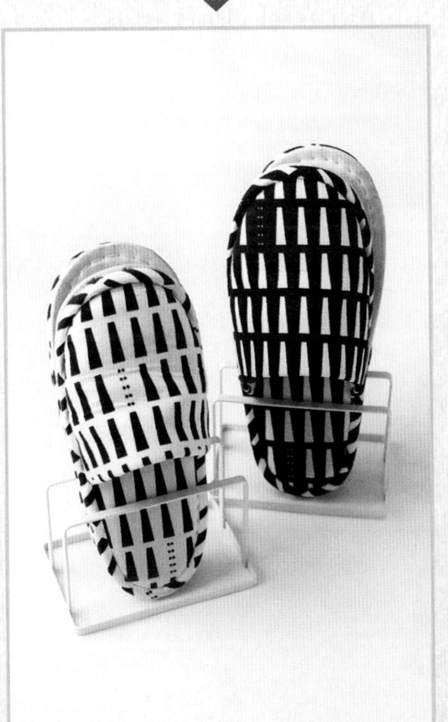

适合懒人的筐子收纳

推荐将每天都要用的拖鞋随意收在筐子中——这是适合懒人的收纳方法。请注意，要选择能放下所有家人拖鞋的筐子。

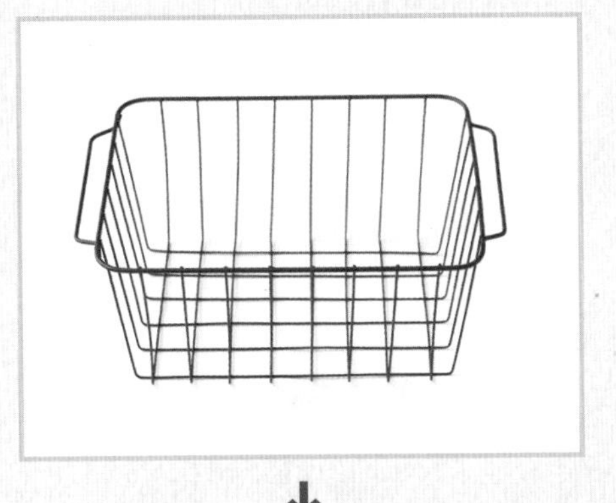

↓

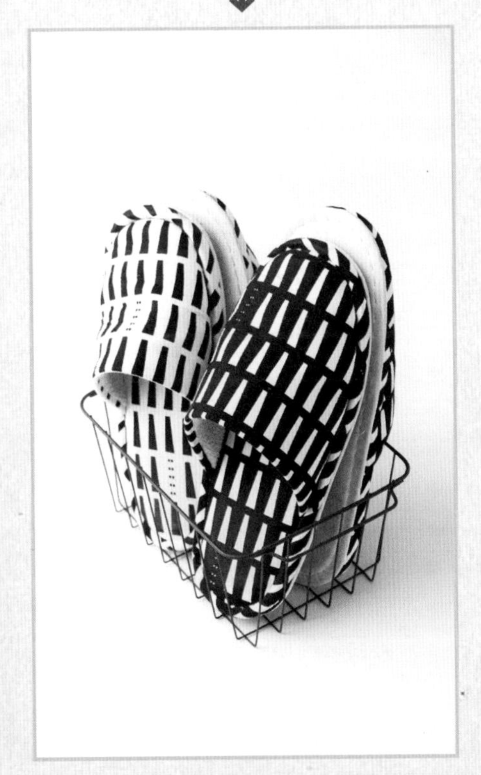

化妆品

是整齐地区分，还是粗放地收纳？全看自己喜好

整理

1 把放化妆品的盒子和抽屉腾空，把化妆品全部取出来。

2 分成需要的和不要的，化妆品在开封后化学成分会很快发生变化，所以过期的一律扔掉，不要犹豫。

需要放弃的候选物品

所有物品通用

- 现在没在使用的
- 没有发挥原本作用的
- 不知道要用在哪里的
- 没有承载回忆与感情的
- 以后不一定会用到的
- 无法收纳，只能搁置在外面的

另外……

- 不适合自己肤质的
- 不适合现在使用的
- 开封后只能用一季的（质量下降）
- 有异味的

可以在家里任何地点化妆的移动收纳法

对于家里化妆品数量较少并且不拘小节的人，推荐把化妆品一股脑儿装进篮子里的收纳方法。篮子太大的话里面的东西会东倒西歪，显得杂乱，建议使用尺寸较小的篮子。

按种类分类，清爽

适合习惯了将化妆品整齐地摆放在抽屉里精细分类的人。如果化妆品数量过多，可以先将化妆品放进能够叠放的盒子里，然后再把盒子放进抽屉，这样可以充分利用抽屉的空间。

儿童用品

儿童用品有些很零碎，有些体积很大，有些部件很多，收纳需要花些时间

整理

1 首先把家里的儿童用品全部取出来，儿童用品种类很多，请分类整理。

2 让孩子分出需要的和不要的，要告诉孩子，“不被用到的东西很可怜”“能存放重要物品的空间是有限的”。

需要放弃的候选物品

所有物品通用

- 现在没在使用的
- 没有发挥原本作用的
- 不知道要用在哪里的
- 没有承载回忆与感情的
- 以后不一定会用到的
- 无法收纳，只能搁置在外面的

另外……

- 不符合孩子年龄的
- 破损的
- 孩子说可以扔掉的

孩子的作品（绘画）

把孩子的作品拍成照片装进相册吧！只要养成习惯就很简单

把决定扔掉的孩子的作品拍成照片装进相册，这样可以留作纪念，随时翻看。

装裱起来很漂亮

把孩子的作品装裱起来，这样既可以成为室内装饰的亮点，孩子也会开心。

放进“回忆箱”，保留一段时间

准备专门用于保管孩子作品的抽屉或盒子，将孩子的作品放进去，每过一段时间就重新整理一次。

绘本

统一放在箱子里，推荐给经常改变绘本放置位置的孩子

适合喜欢在各种地方阅读的孩子，选择带提手的箱子更好。

用文件盒收纳绘本，既方便移动又显得整洁

注意，最好不要放在过高的架子上，否则拿取放回就有点困难了。

把喜欢的绘本“装”在墙上

可以在家自制绘本收纳架（支撑杆+网格+扎带+网格用挂钩），这是既省空间又具有装饰性的收纳方法。

使用书立的话，孩子也方便拿取

将绘本收在书架或开放式置物架上的时候，使用书立会让拿取变得容易，值得推荐。

玩具

使用“支撑杆+盒子”进行收纳

在墙上安装网格，找准角度安装两根支撑杆（插入网格空隙中），在支撑杆上挂上盒子。

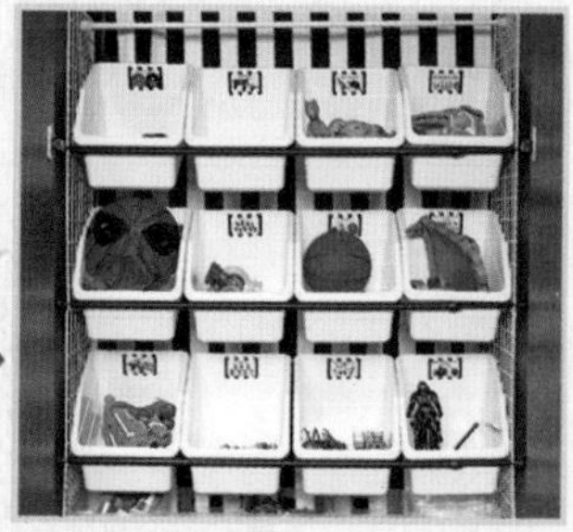

把孩子的玩具“装”在墙上

可以在家自制玩具收纳架（支撑杆+网格+扎带+网格用挂钩+网格篮），这是既省空间又具有装饰性的收纳方法。

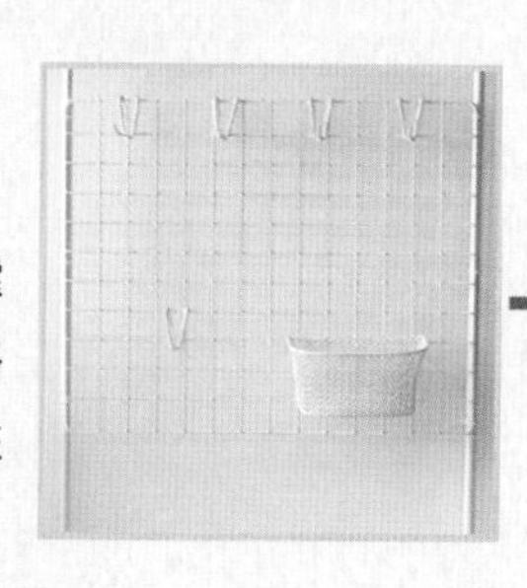

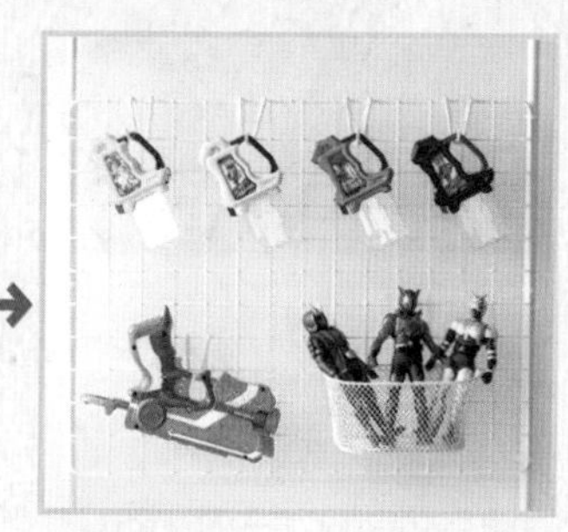

卡片类玩具可以装进塑料袋里，比收进盒子里轻松

卡片类玩具容易丢失，可以分类装入塑料袋，这样收纳很节省空间。

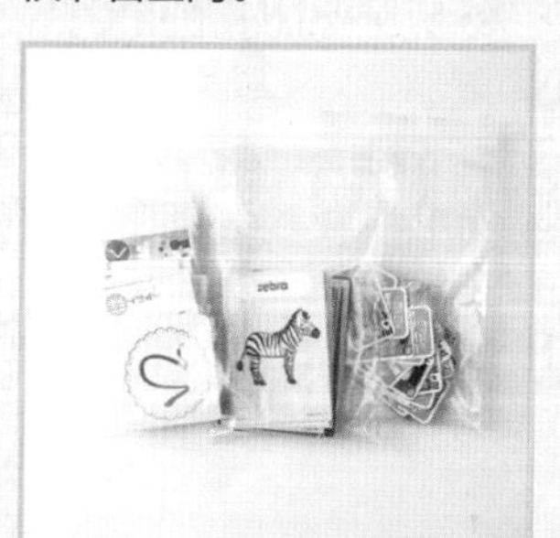

粗略收纳在盒子里，适合习惯到处搬动玩具的孩子

用盒子收纳玩具很便利，并且方便搬动，推荐使用带把手和透明材质的盒子。

小珠子类的玩具可以收在带有分格的盒子中，便于分类

如果用盒子收纳就不会因为要寻找体积小的玩具部件而烦躁了。推荐使用半透明的盒子，里面放了什么可以从外面看到。

想知道更多！

第二部分

“整理”“收纳”“收拾”的基础

本章将分别总结“整理”“收纳”“收拾”的基础知识。只要熟练掌握这些知识，就可以做到在任何地方整理任何种类的物品。一起找出更适合自己，更适合家庭的整理诀窍吧！

在一切开始之前，试着做一做从下一页开始的“整理收纳类型诊断”，找一找自己整理不好的原因吧！

＼找到整理不好的原因1／

试着做一做“整理收纳类型诊断”吧！

请在下列项目中勾出符合自己的选项，计算A、B、C各项中勾选的总数吧。
这项测试可以帮你找到整理不好的原因。

整理
收纳
收拾

A

- 有五件以上一年多没穿过的衣服。……□
- 说不出钱包中的卡片数量。……□
- 买东西时不会随身携带环保购物袋。……□
- 不囤积大量卫生纸就会感到不安。……□
- 就算不知道内容，也会收下别人的小赠品。……□

A合计□个

B

- 做饭要很久。……□
- 吸尘器放在不方便拿取的地方。……□
- 家人要用东西时总是让你去拿。……□
- 经常随手把垃圾放下。……□
- 在家里经常找不到手机。……□

B合计□个

C

- 就算规定了收纳地点，家人也经常不遵守。……□
- 和家人一起使用的起居室总是很乱。……□
- 总觉得家里只有自己在整理。……□
- 选择全家人共同使用的收纳用品时，不会特意开家庭会议讨论。……□
- 觉得如果自己不在家，家里不知道会变成什么样子。……□

C合计□个

你是哪种类型？
适合不同类型人群的整理收纳法要点

A、B、C各项中勾选数量最多的一项就是你整理不好的原因。

请参考解决方法，让自己逐渐成为擅长整理的人吧。

原因在于“物品多”的类型

这种类型的人在日常生活中会无意识地把有用或无用的物品随手带回家，家中的物品自然而然地积累着。想一想，你家里是不是就堆积着用纸袋、塑料袋装着的各种赠品？

⬇ 为解决这个问题……

要点一： 判断家里的物品对现阶段的生活是否是必要的 …… P.90

要点二： 做出一个“暂时搁置箱”，用来放置无法判断是否需要的物品 …… P.93

要点三： 时时告诉自己家里每增加一件物品就要同时减少一件物品 …… P.94

原因在于“收纳地点”的类型

这种类型的人经常会选择不适合自己习惯的收纳地点，所以就算选定了收纳地点，也会因为觉得麻烦随手乱放……你是不是经常遇到“在需要用的地方找不到需要的物品”的情况？

⬇ 为解决这个问题……

要点一： 把常用的物品统一放在需要使用的地方 …… P.102

要点二： 找到适合自己习惯的收纳地点 …… P.102

要点三： 结合季节和使用频率重新考虑收纳地点 …… P.104

原因在于“收纳方法”的类型

这种类型的人喜欢擅自决定收纳方法。每个人心中最方便的收纳方法各不相同，你觉得方便的收纳方法家人不一定觉得方便。想一想，家人有没有对你说过“拿东西放东西好麻烦”之类的话？

⬇ 为解决这个问题……

要点一： 自己使用的物品由自己放在需要使用的位置 …… P.100

要点二： 自己使用的物品由自己选择方便管理的收纳方法 …… P.100

要点三： 全家共用的物品通过全家商议的方式决定收纳地点 …… P.107

\ 找到整理不好的原因2 /

你欠缺的是“整理能力”还是“收纳能力”？

在调查表1、2中勾选出符合自身情况的选项，计算每个表中“NO”的总数，可以了解你的整理能力和收纳能力。

调查表❶ No合计□个

出门旅行时一定会买纪念品。……YES/NO

在街上遇到有人发传单会不自觉地接过来。……YES/NO

留下了很多用不到的商品包装盒。……YES/NO

去杂货店时会买很多本来没打算买的东西。……YES/NO

东西就算用不着，扔了也会觉得可惜。……YES/NO

买东西会看准打折的时期。……YES/NO

会因为难得来商店一次买下不合适的商品型号。……YES/NO

喜欢买福袋。……YES/NO

喜欢创意商品或者便利产品。……YES/NO

钱包里经常夹着很多没用的收据。……YES/NO

调查表❷ No合计□个

买收纳用品前不会想好要用来装什么。……YES/NO

买收纳家具时不会提前测量家具尺寸是否适合要放置的位置。……YES/NO

经常凭借外观选择收纳用品。……YES/NO

喜欢把寄托着回忆的物品放在不能立刻取出的地方。……YES/NO

一旦收纳空间没装满就觉得浪费。……YES/NO

觉得穿衣打扮很花时间。……YES/NO

觉得家里只有自己知道东西都放在哪里。……YES/NO

经常因为忘记买过而重复购买同一商品。……YES/NO

要花很久选择当天要穿的衣服。……YES/NO

经常被家人问“那个东西在哪儿”。……YES/NO

整理能力和收纳能力不同
想要变得擅长整理需要做什么？

【调查表❶】=整理能力，【调查表❷】=收纳能力。

请根据勾选的“NO”的数量参考以下建议吧。

调查表❶ 和 **调查表❷** 中“No”的数量都在 0 ~ 5 之间

你的整理能力和收纳能力都有很大的成长空间
你被鉴定为整理收纳的初学者

重新评估手头的物品，放弃不需要的物品，也就是“就算没有也不会感到为难”的物品。一点点减少手中的物品，为整理收纳打下基础。

调查表❶ 中“No”的数量在 0 ~ 5 之间；**调查表❷** 中“No”的数量在 6 ~ 9 之间

你很善于收纳，但是不擅长正视物品
你被鉴定为整理能力的初学者

检查已经收纳好的物品中有没有混进不需要的物品。只要提高整理能力，就能做到更方便使用的收纳。

调查表❶ 中“No”的数量在 6 ~ 9 之间；**调查表❷** 中“No”的数量在 0 ~ 5 之间

你有正视物品的整理能力，但是无法选择适当的收纳方式
你被鉴定为收纳能力的初学者

是不是总有这样的疑问，“这个东西是谁在什么地方使用的？”找出符合自己习惯的收纳地点吧，这样就能找到方便使用的收纳方式了。

调查表❶ 和 **调查表❷** 中“No”的数量都在 6 ~ 9 之间

你的整理收纳能力能让每天的生活变得舒适
你被鉴定为整理收纳能手

你的整理能力和收纳能力都很强。可以重新评估收纳方法和收纳用品，以更方便的收纳为目标。

调查表❶ 和 **调查表❷** 中“No”的数量都是 10

你具有完美的整理收纳能力
恭喜你，你已经是整理收纳专家了

你的整理能力和收纳能力都是满分。配合生活方式和生活阶段的变化，继续保持整洁的家吧。

选出真正必需的物品和重要的物品后，整理起来就会顺利

整理

收纳

收拾

家里收拾得好与不好，关键在于整理。

“整理”=“去除不需要的物品”，虽然心里明白，但是做起来总是不顺利。遇到这样的障碍时我们应该怎样克服呢？这就需要停止跨越“去除不需要的物品”这道障碍，找一条岔路，一口气省略掉“整理”的步骤。

正视家里的每一样物品，判断其是否需要的过程既耗费体力又需要时间，但是如果不能认真完成这项工作，就没办法建立“整理的框架”。因为“整理”是“收拾”的基础。

“去除不需要的物品”，听上去简单，其实还是比较困难的。会为整理而烦恼的人通常无法判断什么东西是自己不需要的，造成的后果就是在整理上耗费了大量时间，效率低下。

整理的时候不要选择不需要的物品，只要选出必要的物品，也就是喜欢的物品、重要的物品、生活中必不可少的物品。比起寻找不需要的物品，选出真正需要的物品可以让整理变得顺利。

正因为整理是费时间的工作，所以让我们像寻宝一样，保持兴奋的心情来做吧！

当整理结束后，你手边就只剩下喜欢的物品、重要的物品和生活中必不可少的物品了，也能在同时找出应该放弃的物品了。

这些物品中，对你来说的必需品有哪些呢？

如果你认为把“整理”当成“去除不需要的物品”太难，试试选出喜欢的物品、重要的物品、生活中必不可少的物品吧，也许会出乎意料的顺利。

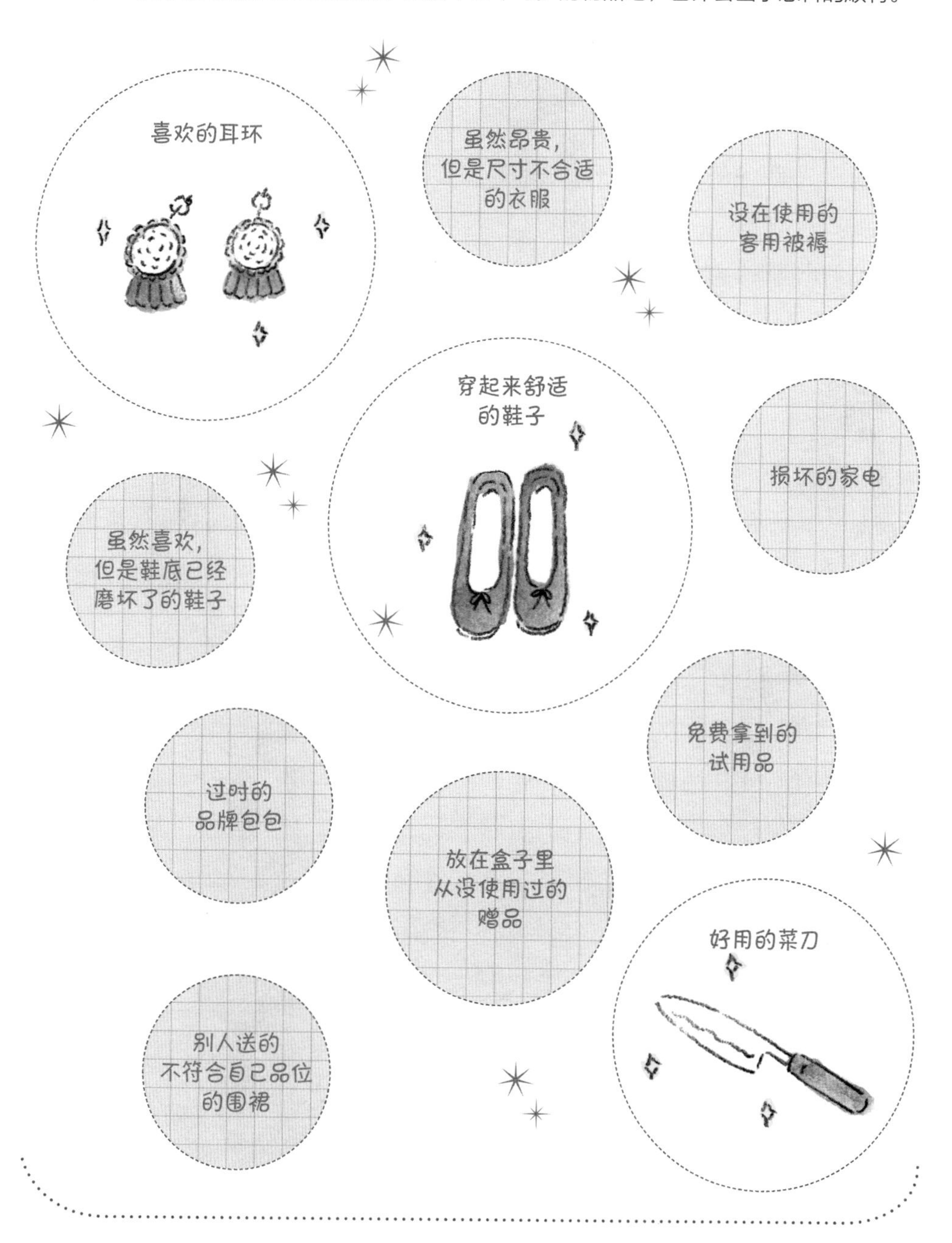

思考“什么是浪费”前要明白一个道理——物品只有被使用才有价值

不善于扔东西，所以没办法整理……

有这种想法的人应该不少吧？请放心，就算不善于扔东西，也是可以整理的。

首先，抛开“不扔东西就不能整理”“整理就是扔东西”的想法吧。接下来请试着思考以下问题：

“这件东西原本是做什么用的？”

“自己为什么要留着这个东西？”

就像笔是用来写字的，衣服是用来穿的，所有物品都有它的功能。对一件物品来说，它真正重要的价值在于在日常生活中它是否发挥了功能，如果没有，而且也没有承载什么特别的回忆，那么它就仅仅是在干扰大家的生活。丢弃干扰生活的物品真的算浪费吗？我认为对物品而言，相对于被扔掉，不被使用才是更大的浪费。

不擅长扔东西的人不要把丢弃压迫生活的物品当成扔掉物品，试着将这种行为看成是让物品重获新生的手段吧。如果闲置在你家中的物品状态良好，那它完全有机会成为其他人的生活必需品，在不同的地方发挥它原本的功能。

采用积极的思维方式，不要把整理当成扔东西，要当成是在让物品重获新生的手段。正视每样物品的价值吧，当你对浪费的看法有了改变，整理工作一定会有进展的。

哪一种情况更浪费?

"为帮助别人而放弃物品"和"自己保管物品却从不使用",
哪一种更浪费呢?

以后不打算穿了，
拿去二手店卖了吧。

认为"今后不会有机会穿"的衣服可以送到二手店去。如果有其他人愿意要，衣服就能重新发挥其使用价值。

VS

以后不打算穿了，
但是当初买的时候好贵啊，
还是留下吧。

衣服没有发挥它的功能，而且把衣服闲置在家里这件事本身就会产生成本。比如，房租每月6000元，如果不用的物品占据了房子两成空间，就相当于它们每月分走了你的1200元，这才是浪费，不是吗?

以“现在是否在使用”为标准，分出“应该留下的物品”和“应该舍弃的物品”

整理 收纳 收拾

整理这份工作是在去除自己和家人不需要的物品。这项工作结束后，会留下真正必要或重要的东西，接下来就可以进行下一项收纳和收拾的工作了。

如果必要的物品和不需要的物品混在一起，收纳和收拾就都没办法顺利进行。所以整理这项工作是非常重要的。

整理是判断物品是否被需要的工作，在判断时，事先设定标准能让工作顺利进行。

设定的标准其中一项是“现在是否在使用”，并非“过去使用过”或者“以后也许会使用”，重要的是以“现在是否在使用”为标准。很多人在整理的时候容易忽略这项标准，以过去或者未来为标准的话，整理的工作就很难推进了。如果以“现在是否在使用”为标准，就能轻易做出判断。

切记！不要考虑“那时候曾经是这样的”，也不需要考虑“以后要这样”，一切以“现在”为标准的思考方式才是简洁而高效的。

另外，家里一般会有只在每年固定时期使用一次的物品，比如只在万圣节才穿的衣服，因此请将“现在在使用”的范围定在一年之内。

正视每一件物品，以“现在是否在使用”为标准，分出需要留下的和应该放弃的物品。

以“现在是否在使用”为标准，区分家里的物品

只要用“现在是否在使用”为标准判断物品是否需要，整理就会变得简单。

家中的物品

没想好是该放弃还是该保留的物品

虽然现在不用，但是无法下决心放弃的物品。不擅长扔东西的人会在决定物品该放弃还是该保留上花不少时间。感到犹豫时请看p93。

决定放弃的物品

现在和以后都不会使用的物品

最后一次使用已经是很久之前的事了，以后也不打算使用，并且没有承载回忆，凡是满足这些特征的物品请下决心放弃吧！不擅长扔东西的人请将放弃物品的行为当成让物品获得新生的手段。

循环

让物品“循环”起来的方法很多，如网上售卖、二手商店、慈善捐赠等。

转让

扔掉

决定保留的物品

承载回忆的物品

承载回忆的物品不用勉强自己放弃。可以为它们想出一种不会被埋没的收纳方式。

现在使用的物品

不要考虑过去和未来，只留下现在正在使用的物品。按照使用频率分类可以提高收纳效率。

以后绝对会用到的物品

一般的家庭都会有虽然眼下没用，但是非常肯定以后会用到的物品，比如为将要出生的宝宝准备的衣服。对于这类物品，在决定好要保留的数量后，还要想出保管地点和保管方法，以便在需要时能立即找到。

偶尔会用到……
但是真的对生活有用吗？

我认为，拥有物品的意义在于让每天的生活变得轻松舒适。

大家有没有类似的经历？比如在电视购物节目上看到的厨具，当时觉得用起来会很方便就买下了。实际使用时却发现尽管确实方便，不过用完后的清洗很费事，而且还占地方。因为觉得难得买下了，不用就浪费了，所以偶尔拿出来使用，但是这种“不得不用”的想法真的会让自己产生负担。

物品的作用原本是为了让生活更加便利，如果因为拥有物品而产生负担就本末倒置了。尽管偶尔会用到，但是下定决心放弃难道不是更能让你的生活变得舒适吗？

另一方面，有些物品就算不用，只要留着就有意义。比如承载着你和家人重要回忆的物品，只要看到这些物品就会想起那些或温暖或有趣的回忆。尽管我说过“物品要使用才有价值”，但是承载回忆的物品是例外，这类物品只要留着就能充分发挥它们的价值。

好像在用，又好像没有在用，分辨很难放弃的“犹豫物品”的方法

“要留下？”“要放弃？”有些物品会让人犹豫不决。
如果带着犹豫全部留下，家里的空间会在不知不觉间被这些物品占据。
下面我将为大家介绍解决“犹豫物品”的方法。

找到答案的方法 **1**

用一下试试

如果是正在使用的物品就不会犹豫，会让你感到犹豫就是因为目前没在使用，或者用不惯。比如衣服，可以和衣橱里的其他衣服搭配起来穿上试试。就算原本觉得还能穿，实际试穿后说不定也会觉得不协调，这样的就下定决心放弃吧。

找到答案的方法 **2**

放在能看到的地方

先把让你感到犹豫的物品统一放在盒子里吧，然后把盒子放在自己和家人经常看到的地方。如果一段时间后盒子里的东西从来没有被拿出来过，而且盒子本身也变得碍事的话，就可以考虑放弃了。

找到答案的方法 **3**

到定好的期限后进行再判断

对物品的想法会随着时间发生变化。几个月前无法判断要留下还是该放弃的物品，也许现在就能果断地决定了。本方法可以配合“找到答案的方法2”一起使用。要在盒子上写上保留期限，到期限就一定要做出决定。如果一味拖延，就会变成只有盒子在增加的结果。

了解物品增加的真正原因，直面自己

有些人只要是免费的物品就想接受，比如在路上有人发传单就会顺手接过来。如果你恰好有这样的习惯，那你的家会逐渐被物品堆满。“因为接受是造成这种情况的原因，所以只要不再接受这些东西就能解决问题”，这是大多数人的想法吧？其实原因并不在此，真正需要思考的是，为什么会养成不由自主接受的习惯。同理，有些人喜欢买很多不需要的物品，一个劲地让家里的东西增加，“不再买没用的东西”并不是解决方法，只有认清“为什么会买没用的东西”，问题才能得到真正的解决。当把这个问题研究透彻后会发现，有些人买东西是出于一种解压方式，有些人买东西是出于挣了一笔钱就想花出去的冲动。每个人物品增加的原因各不相同，原因不同，解决方式自然也不一样。

我经常听别人说“东西自己就增加了”，但无论是别人送的还是买来的，物品进入家中一定与人有关。不是东西增加，而是人让东西增加。正因为如此，了解自己让东西增加的真正原因很重要。要想做到这一点就必须认真面对自己。

我认为整理、收纳和收拾从来就不是仅仅针对物品的，也是针对人心的，必须认真直面自己才能有所进展。“为什么喜欢接受免费的东西？”“为什么会买没用的东西？”请认真审视自己的想法吧，这样一来一定能找到真正的原因所在。

物品增加的真正原因是什么?

重要的是正视自己心中真正的原因，
并解决它。

不擅长拒绝，
不由自主地接受

不想放过划算
的东西，一看见特价商品
就会买下来

喜欢追逐流行
的东西

和别人不同
就会感到不安，会
买大家都有
的物品

任何东西都没有规定“合适的数量”，重要的是掌握自己、自己家的“合适的数量”

“合适的数量”就是“符合生活方式所必需的量”。

经常有人问我，“保存容器最合适的数量是几个？”“毛巾最合适的数量是几条？”就算是整理专家也会回答“没有定量”。因为“合适的数量”因人而异，因家庭而异。就像每天穿着工作服上班的人和每天穿着西装上班的人所需要的白衬衫件数完全不同。正因为如此，掌握自己、自己家的“合适的数量”十分重要。

“合适的数量”与家庭结构、家人年龄、生活方式、兴趣、居住地区、家里布局等一切因素息息相关。为找出“合适的数量”，就要先了解你和家人的生活习惯。让我们用“一周”为时间单位来调查吧。比如，一周要洗几次衣服？一周有几天会有客人来？客人的人数是多少？只需要列出这些内容就能弄清适合自己家的毛巾和杯子的数量。

很多人家里都会隐藏着超过所需数量的物品，其中一个原因就是太拘泥于那些介绍收纳方法的书中提到的“参考数量”。那些书中写到的数量只能作为“参考”，适合自己生活的数量只有在家里生活的人知道，大家才是知道“合适的数量”的人。

推断出“合适的数量”的窍门

由于各自的生活方式各不相同，就算家庭构成一致，“合适的数量”也会有区别。
“合适的数量”只能由自己和家庭成员推断，请试着以下列问题为线索吧。

以浴巾为例

洗衣服的频率是?

➡ 每天洗、隔一天洗一次、攒到周末一起洗

更换浴巾的时间是?

➡ 每天更换、一直用同一条、隔几天一换

家人使用浴巾的方式是?

➡ 每人一条、夫妻俩各用一条、亲子共用一条

以杯子为例

来客人的频率是?

➡ 孩子的好朋友每天都会来、偶尔在周末有客人来、几乎没有客人来

客人的人数是?

➡ 孩子的好朋友3~4人、通常是2~3个大人、以前最多一次来过6个大人

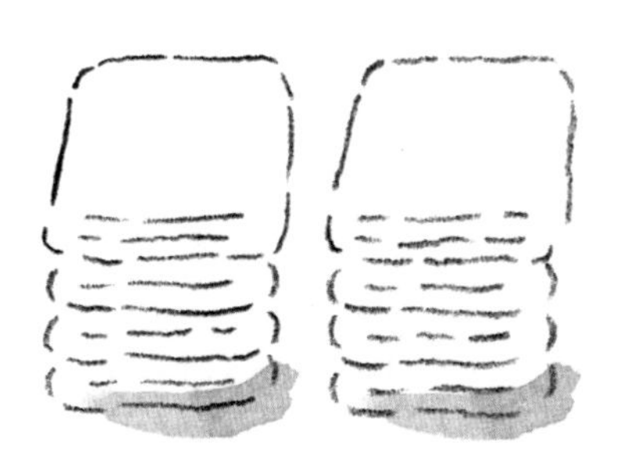

整理和收纳是不同的工作，收纳只能在整理之后进行

虽然整理、收纳经常放在一起说，但很多人感兴趣的只是收纳吧？人们容易认为“只要收纳做得好，整理就会变得轻松”“只要掌握了收纳方法，家里就不会乱”，或者把整理和收纳混为一谈，认为整理就是收纳，但实际上整理和收纳是完全不同的工作！

当家里物品很多，没地方放的物品被随意乱扔时，大多数人会做的是购买收纳用品直接进行收纳。这样做虽然暂时解决了问题，但当物品继续增加时又会重蹈覆辙，无法从根本上解决问题。

当家里的物品开始堆积时，必须进行“去除不需要的物品=整理”的工作。因为收纳的对象是“必需品”，不涉及“不需要的物品”，因此去除不需要的物品是无法通过收纳完成的，这是整理环节要完成的工作。如果收纳不在整理之后进行，就不能看清需要收纳的物品种类和数量，也就找不到能够顺利完成收纳的地点和选择合适的收纳用品。切记！整理在前，收纳在后。如果弄错了顺序，好不容易买来的收纳用品也会被浪费。

大家经常听到的“整理收纳”是严格按照顺序排列的词语，因为收纳必须在整理之后进行。请重新审视你即将做的工作有没有变成“收纳整理”吧！

整理和收纳的顺序有没有错?

将整理（去除不需要的物品）后留下的必需品
保持方便使用的状态就是“收纳”！

核查

如果按照“收纳—整理”的顺序，就会积攒不需要的物品，就算收纳地点空间再大也会不够用。不需要的物品占领了收纳地点后，必需品就没办法方便地拿取放回了。

收纳

让必需品保持方便拿取放回的状态

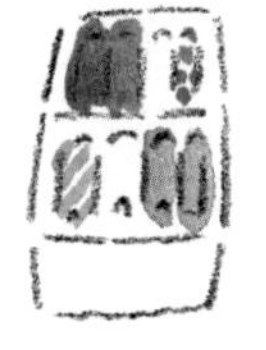

“最好的收纳”因人而异，要找到“对使用者来说最好的收纳”

收纳是指让必需品保持方便使用、方便拿取放回的状态，这个基本概念通用于任何收纳方式。但是“什么样的状态方便使用？”“怎样才能方便拿取放回？”这些问题的答案因人而异，因为生活方式、年龄、性格等各种因素共同决定了对你来说“最好的收纳”。

世界上有各式各样的收纳用品和收纳方法，但是最重要的是“为谁而收纳”。

以书的收纳为例，放在文件盒中看起来整洁，但是否方便拿取呢？取书时要先取出文件盒，然后还要打开文件盒才能取出书，对于怕麻烦的人和小孩子来说肯定是不方便的。但如果用书立收纳的话，只需要用一只手稳住旁边的书，另一只手就可以轻松地取出想要的书了。也就是说，对于怕麻烦的人和小孩子来说，用书立才是“最好的收纳”。

所以明确“为谁而收纳”，找出“对使用者来说最好的收纳方法”十分重要。

“轻松收纳”是“最好的收纳”的重点

“最好的收纳”与“漂亮的收纳”不同，是以轻松为优先考量的，
“轻松收纳”需要注意以下4点。

要点1 留下余地

如果塞得太紧，物品的拿取放回就会变得困难，而且物品增加后容易放不下。要注意收纳时在左右留出余地，以便能够顺利拿取。

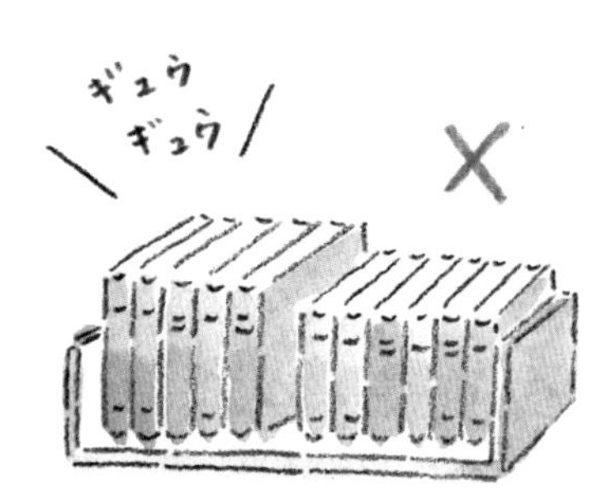

要点2 不过于复杂

打开抽屉→取出盒子→打开盖子→拿到想要的东西，类似于这样的拿取方式太费事。特别是当使用者是孩子或老年人时，一定要注意收纳方式不能过于复杂。

要点3 配合空间

选择收纳方式时要考虑使用地点的空间。比如在使用抽屉时，如果没有留出能够完全将抽屉拉出的空间，就不能100%使用抽屉的收纳功能。

要点4 不要给身体造成负担

一定要考虑被收纳物品的拿取便利性。必须伸手才能够到，必须弯腰才能拿到……这不能称为“轻松收纳”。

收纳方式的关键在于“动线”，收纳要做到能够快速拿取，简单归位

“动线”是指家人移动的路线。动线和收纳关系密切，收拾不好的原因很多是因为动线与收纳地点不合。

采取一项行动时，动线越短越轻松。选择合适的收纳地点与缩短动线有很大关系。比如，没有将孩子出门时要带的必需品放在一处，而是四处分散地放置的话，孩子拿取必需品的动线就会变长，出门的准备时间就会延长；将必需品收在孩子每天早上出门前的准备地点（如玄关），孩子拿取必需品的动线就会缩短，出门的准备时间也会一下子缩短。就算平时出门要花很长时间的孩子，只要做好收纳也可以在较短时间内准备好。所以与其每天早上催促孩子，不如想一想怎么改变收纳方式。

做家务时的动线也很重要。可以将做家务时的动线细分为“做饭动线”“洗涤动线”“扫除动线”等，配合每一条动线进行收纳可以显著提高做家务的效率。

居家收纳要充分考虑孩子的动线，除了刚才提到的孩子出门准备的动线外，还可将孩子的动线细分为“玩耍动线”“学习动线”“睡眠动线”等，在每一条动线上选择相应的收纳方式，这样便于培养孩子自己的事情自己做的习惯。

通过重新审视自己和家人在家时的动线可以选择让生活更加轻松、方便收拾的收纳方式。

了解家人的动线
找到方便使用的收纳地点

在做一件事情时，如果操作地点和必需品的收纳地点是分开的，动线就会变长。为了能够顺利进行操作，要选择能让动线缩短的收纳场所和收纳方式。

OK 动线

必需品放在需要用的地方，无须刻意拿取的动线是“OK动线”。越是使用频率高的物品，越要考虑选择“OK动线”上的收纳地点。如果在做事时可以在3步之内拿到必需品，每天的生活就会轻松很多。

NG 动线

必需品没有放在需要用的地方，想要拿取必须走3步以上的动线是“NG动线”。

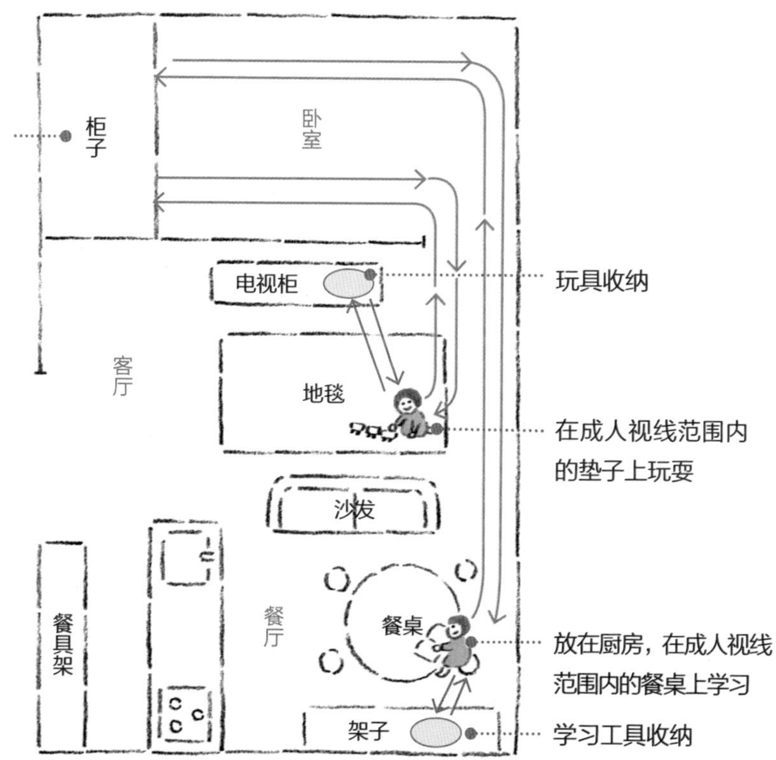

以上图中的收纳为例，造成“NG动线”的原因是没有考虑到要让孩子在成人的视线范围内玩耍、学习，只为了让客厅和餐厅整洁，而把孩子的物品全部收纳进卧室的柜子中。将玩具收纳在孩子玩耍的地点附近，在餐桌旁边创造出收纳孩子学习用具的空间就能实现“OK动线”。

收纳方式要与物品的使用频率相匹配，经常使用的物品要放在方便取用的“VIP席”

也许大家平时并不会关注家中物品的使用频率。不过根据物品的使用频率决定其收纳方法和收纳地点是营造舒适生活，以及建立整理构架所不可或缺的一步。

家里的收纳空间大致可以分为柜子、衣柜、餐具架、鞋架等大型收纳空间和抽屉、盒子等小型收纳空间。无论收纳空间是大是小，都会有方便拿取放回和不方便拿取放回的区别。比如，放在柜子中的物品，越靠外越容易拿取放回，越靠里越不容易拿取放回。抽屉同样如此。重点在于找出任何收纳空间中方便拿取放回的“VIP席”，将经常使用的物品放在此处。

判断使用频率时需要注意，相同物品的使用频率也会有所不同。比如，同样是餐具，家人专用的和客人专用的使用频率一定是不同的。将家人专用餐具和客人专用餐具分开收纳的话，拿取放回和管理都会更加方便。

收纳每一件物品前要先判断它们的使用频率，然后再安排它们在收纳空间内的位置，使用频率最高的物品放置在“VIP席”，其他物品按照使用频率由高到低的次序依次安排在距离“VIP席”由近到远的位置上。这项工作做得越踏实，生活越高效。

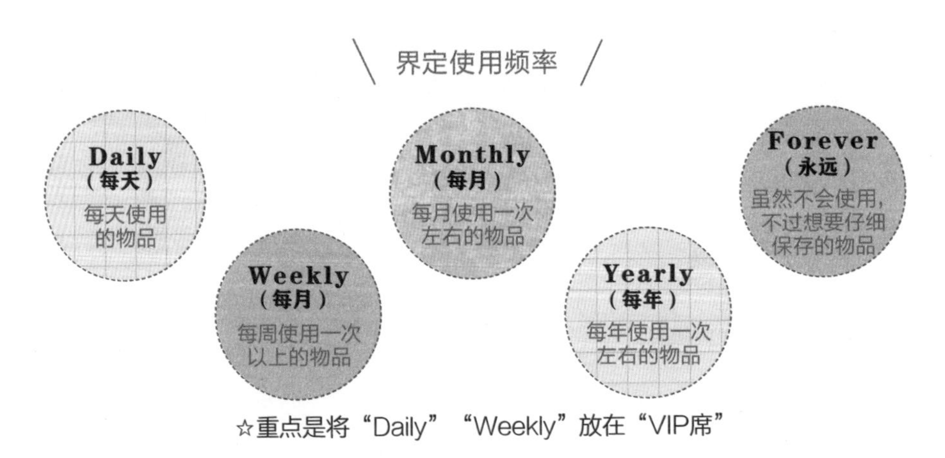

方便拿取放回的“VIP席”在哪里？

门的形状不同，架子的高度不同，方便拿取放回的位置也会不同。
找出“VIP席”，优先放置“Daily”“Weekly”等使用频率高的物品吧。
这样就能做到方便拿取放回的高效率收纳。

大型收纳空间

双开门柜子的收纳

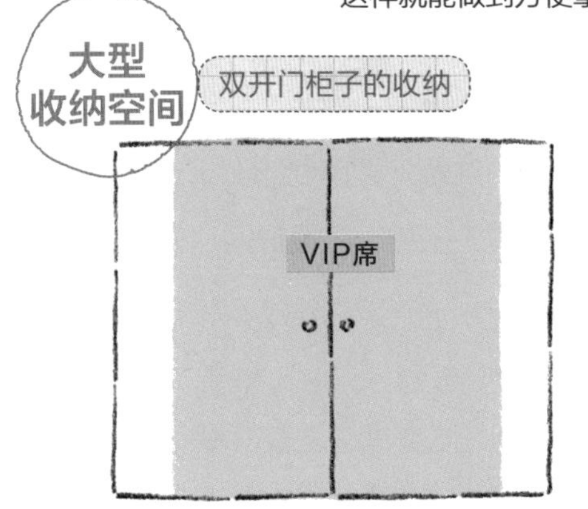

双开门柜子应该按照使用频率由高到低，从中央向外侧依次放置。如果平时只打开一侧门，应该将使用频率高的物品放在平时会打开的一侧，这种情况同样应该按照使用频率由高到低，从中央向外侧依次放置。

拉门橱柜的收纳

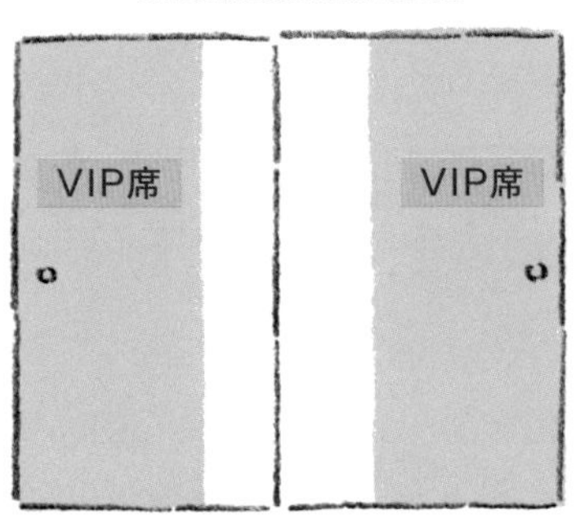

拉门橱柜门扇重叠的中央位置因为拿取不便容易成为无效空间，两侧是最方便拿取放回的位置。在利用拉门橱柜这种大型空间收纳时，如果将经常使用的物品集中在一侧，平时只开合单侧门，取用会更方便。

架子

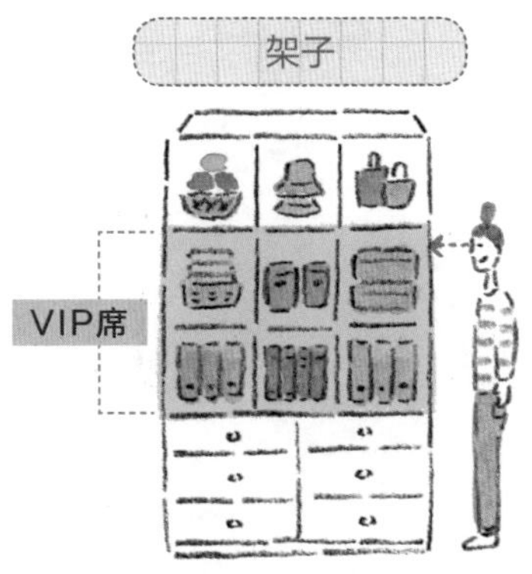

架子上方便拿取放回的位置是从人体高度的腰部到眼睛的“中段”。放置在这一区域的物品，不需要伸直手臂或者弯腰就可以拿取放回。需要注意，对于不同身高的人来说，“中段”的位置是不同的，所以用架子收纳要根据使用者来判断“VIP席”在哪里。

小型收纳空间

抽屉、盒子等

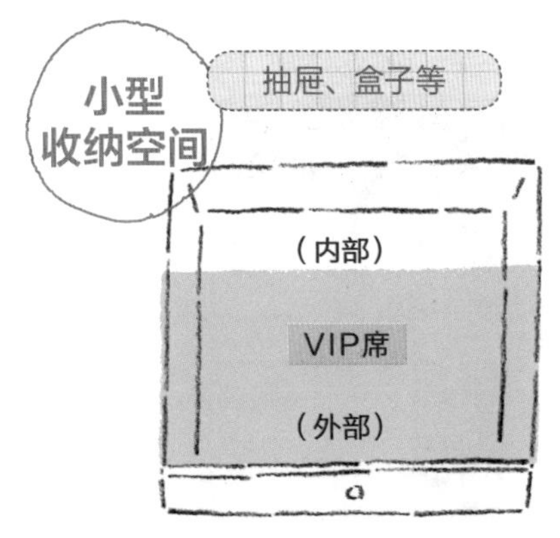

将物品（如书籍、杂志）立放进抽屉、盒子等小空间收纳时，靠外的位置方便拿取放回，靠内的位置不方便拿取放回，所以最外面的位置是“VIP席”。将物品（如衣物）叠放进抽屉、盒子等小空间收纳时，靠上的位置方便拿取放回，靠下的位置不方便拿取放回，所以最上面的位置是“VIP席”。

会同时使用的物品要分组收纳在一起，可以节省取放的时间

生活中经常出现做一件事需要同时使用多件物品的情况。举个例子，请想一想孩子在画画时需要什么物品？本子、铅笔、橡皮、转笔刀、蜡笔……如果这些东西都被收纳在不同的位置会怎么样呢？光孩子画画的准备工作就要花上不少时间。如果将孩子所有的画画用具统一收纳在一个抽屉或者盒子里，拿取放回这些用具也就不用花太多时间了。

将做某一件事所需要的物品统一收纳称为“分组收纳”。在家中采取“分组收纳”的方式会让做事情变得轻松，生活更加顺畅。

鞋子保养套组

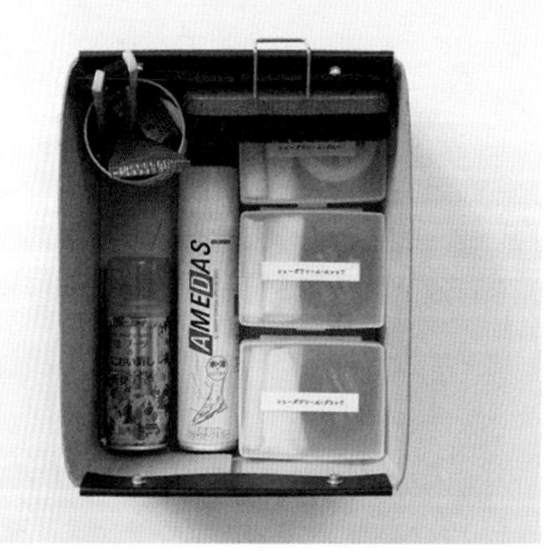

防水喷雾、除臭喷雾、鞋油、鞋刷

洗涤套组

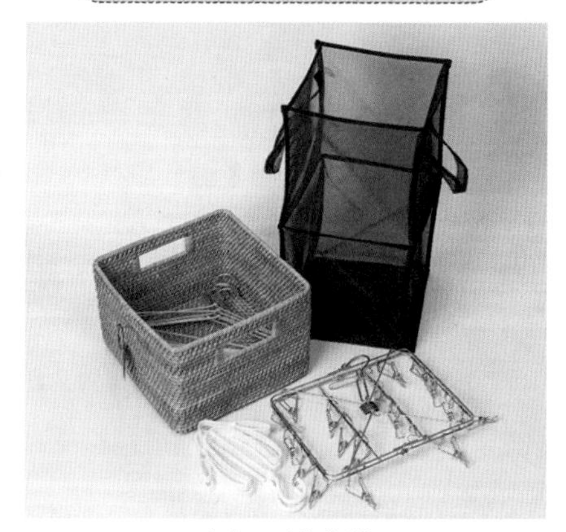

衣架、洗衣篮

不用问“哎呀，在什么地方？”将物品放在固定位置就不用特意寻找

这里说的“固定位置”是指物品的固定收纳位置。如果房间里到处随意放着目的不明的物品，就说明房间的主人没有明确物品的固定位置。

没有明确家中物品的固定位置是大多数缺乏有效收纳的家庭的通病。也许会有人说，“明明确定了物品的固定位置，但家里还是很乱”。出现这种情况的原因可能有：

①只有自己知道物品的固定位置，家人都不知道。

②物品的固定位置很可能是对自己和家人来说不方便拿取放回的位置。这种情况就需要重新选择固定位置了。

家人共用的物品应该在商量后共同决定固定位置，一定要和家人信息共享。个人使用的物品请将固定位置设在对使用者来说方便拿取放回的“VIP席位”上。

收纳时要巧妙地“小型化”“立起来”“挂起来”“叠起来”

就算我说要做到“使用方便的收纳”，大家也不明白要怎么做才好？不过只要抓住重点，就能做到对使用者来说最好的收纳。

首先，考虑将需要收纳的物品“小型化”。比如，带包装的物品只需要去掉外包装就能实现“小型化”，从而更好地利用收纳空间。

其次，要考虑什么样的收纳对使用者来说方便拿取放回。

收纳方法大致可以分为“立起来”“挂起来”“叠起来”三种。就拿平底锅来说吧，“立起来”和“叠起来”哪种更容易拿取放回呢？答案会根据厨房的类型不同而发生变化（不过总体来说，如果“立起来”收纳的话，需要使用时就不用特意移开上层的平底锅，拿取放回会更加轻松）。那汤勺和锅铲是挂在钩子上更方便取用，还是分别横放在盒子里更方便取用呢？答案因人而异，不会有标准答案的。

切记！收纳时要以“使用者方便使用”为标准，考虑在什么样的状态下最容易使用，这样就能从三种收纳方法中找到最适合使用者的方法了。

不过无论选择何种收纳方式，过于紧凑都是不行的。如果排列太紧，无论是“小型化”“立起来”“挂起来”还是“叠起来”，拿取放回都不会方便。所以首先要做好整理（去除不需要的物品），掌握符合家庭情况的合适数量，之后再进行收纳，这才是“整理收纳”的顺序。

根据需要收纳的物品、使用者、收纳地点不同，便利的收纳方法有所不同

分别尝试“立起来”“挂起来”“叠起来”的收纳方式后再来确定哪一种更方便吧。将物品从包装盒中取出后，进行“小型化”收纳也是一个要点。

小型化

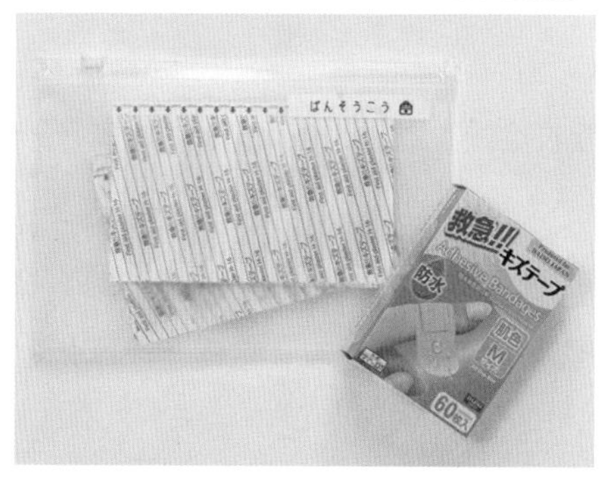

将装在包装里的物品取出，只留下物品本身的收纳方式可以节省空间。如创可贴、口罩、游戏卡牌等都适合这样的收纳（取出后可以装进透明袋子里）。

立起来

刀叉等如果叠放，使用时需要移开上层物品才能取到放在下面的物品，立起来收纳就方便得多。

挂起来

使用挂钩可以将物品简单收纳到适合自己的地点。这种收纳方法推荐用在厨房用品等使用频率高，却很难找到固定位置的物品上。衣服比起叠放在抽屉中，挂起来收纳更加一目了然，拿取放回也会轻松。

叠起来

在横向空间狭小，但纵向空间充足的情况下，叠起来收纳是很有效的。像盘子等物品可以直接叠放。带盖子的物品就使用叠放式收纳用品充分利用纵向空间吧。

在应该归位的地方贴上标签，让家人更方便地完成收纳

虽然收拾只是“将用过的物品放回原处”，但是这样简单的工作很多家庭都无法做得很好。

有时尽管整理和收纳都做得很好，却不能收拾好。原因大致可以分为两个：

第一，没有共享收纳地点的信息。拿电视遥控器来说，假如电视遥控器的收纳地点是母亲一个人决定的，其他人都不知道应该放回什么地方，这样一来家人就会因为不知道该放回哪里而将电视遥控器随手乱扔。

第二，在没有充分讨论的情况下指定了收纳地点。还拿电视遥控器来说，尽管家人被告知了应该放回哪里，但只有母亲觉得收纳地点方便，这样一来就很可能变成只有母亲一人遵守将电视遥控器放回收纳地点的约定，其他人依旧随手乱扔的局面。

家人共用的物品必须由大家充分讨论后决定出收纳地点。虽然听上去有些麻烦，但这是不能省略的步骤，否则收纳工作是无法展开的。

在决定好收纳地点后，下一步就是努力把“将物品放回原处”这件事变得容易。方法就是贴标签，让大家明白“东西要放回这里”。

举个例子，假设现在你面前有剪刀、胶水、铅笔和三个盒子。如果有人对你说：“请把它们分别放到盒子中。”你一定不知道每件物品对应的是哪个盒子吧。不过如果在盒子上分别贴上“剪刀”“胶水”“铅笔”的标签，你就明白该如何放了。这就是贴标签的效果。

让标签简单易懂的要点

在物品应该放回的地方贴上标签吧，
让家人都知道物品应该放回的位置。

标签上的文字要简单易懂，注意文字大小

请选择对使用者来说简单易懂的文字。虽然写成英文很时髦，但如果家里有人不懂英文就称不上体贴了。另外，文字的大小要以“一目了然”为基准。

孩子的用品收纳地点要选择适合孩子的标签

对于不同年龄段的孩子，“简单易懂”的标准是不同的。有的孩子觉得文字好懂，有的孩子觉得图画更好辨认。

孩子的用品收纳地点的标签可以搭配各种颜色以增加识别度。

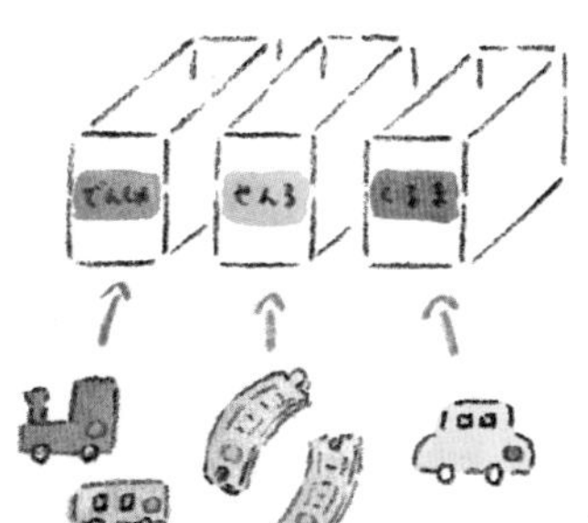

要点 3

选择容易看到的位置贴标签

放在架子上时

贴标签的位置同样需要注意，比如贴在架子上时，要选择从正面方便看到的位置。另外，贴在抽屉中的盒子里时，要选择拉开抽屉后能够从上方看到的位置。

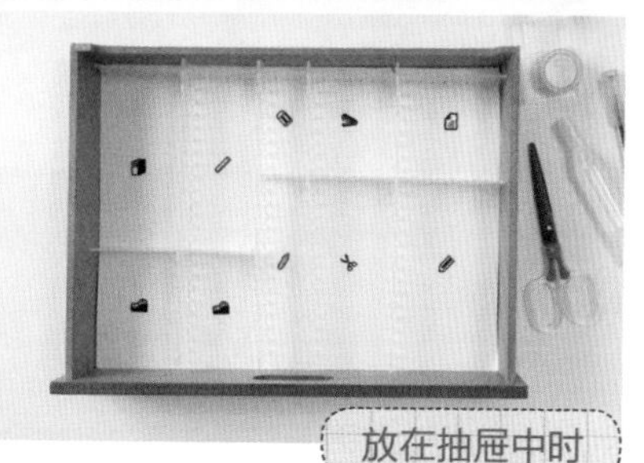

放在抽屉中时

按照四个目的分别使用标签

虽然具体情况因人而异，不过我认为贴标签的目的有四个。
大家要根据目的不同，在标签的区分上下功夫。

告诉家人物品应该放回此处的标签

当收纳用具不透明，或者看不清其中收纳的物品时，要在标签上写明收纳用具中收纳的物品的相关信息。如果内部物品很多，可以用满足所收纳物品共同特征的词来概括。

在为儿童用品做标签时，一定要用对自家孩子来说简单易懂的写法。需要注意的是，由大人决定写法的标签有时对孩子来说是难懂的。

将物品名称和字母、数字组合而成的标签。通过这种组合还可以让孩子学习数字和字母。

如果想不到一个词来统一概括收纳用具中的所有物品，可以把其中收纳的所有物品的名称分别写在标签上，依次贴在收纳用具上。这样一来，收纳用具中的内容发生变动时，更换相应标签也相对轻松。

如果孩子还不到识字的年龄，可以用图片作标签，这样孩子就知道物品应该放回哪里。

让室内装饰和收纳用品变得时尚的标签

有些物品本身很朴素，缺乏情趣，不过只要在物品收纳位置上贴上不同色彩的，用你喜欢的字体书写的标签，物品给人的印象就会立刻活泼起来。当然，也可以直接在物品上贴纯粹装饰用的标签。

图1 在造型简约的纯白色花盆上贴上标签，在标签上写一句你最喜欢的文字，每次看到时心情都会变好。
图2 标签上不仅有内部物品的名称，还加上了插画。粗犷的银色盒子也会因为一幅插画而变得柔和、可爱。

用于指示物品应该放回原位的标签

比如，家里会有很多在不同地点使用的小墩布，把他们收纳在使用地点会很方便。不过要是这些小墩布都一样的话很容易弄混的，在上面贴上地点的标签就能把它们准确放回原位了。

为了让生活变愉快的标签

这种标签让人“看到后心情就会愉快”“看到后就会有干劲”。也许在大家心里，“标签就是贴纸”的印象根深蒂固，其实并非如此。

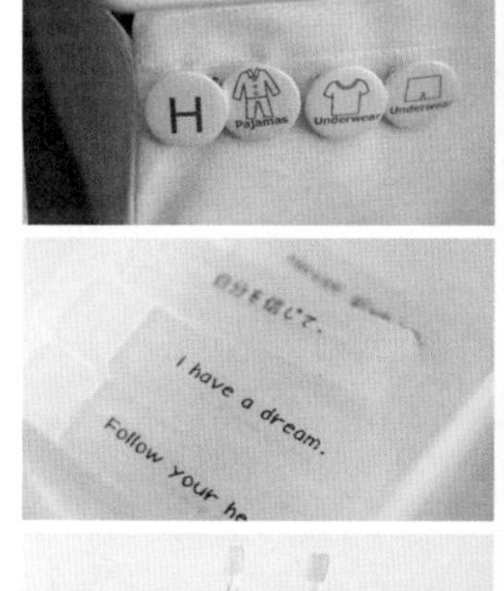

这类标签的制作方法意外得多，比如，把手绘的物品插画贴在收纳物品的箱子上，用玩具徽章当标签别在织布收纳篮上，或者将喜欢的文字印在收纳用具上……用这些有趣的标签给每天的生活增添趣味吧！

有了整理和收纳的基础，收拾就会变得轻松

大家是怎么看待“收拾”这件事的呢？很多人会嫌麻烦，觉得要花时间，甚至认为是需要努力才能做到吧。其实收拾既不是一件难事，也不是需要努力才能做到的，而是每个人都能轻松做到的事。

不过有一个前提条件——必须认真做好收拾的基础，也就是整理、收纳。

现在请想象你面前有一个盒子，里面放着重要的信件和很多不需要的纸。在这种情况下，打开盒子很难直接看到信件。如果不需要的纸太多，多到将盒子塞满，信件的拿取放回就会变得困难，容易造成重要信件被到处乱放而不能妥善保管。不过，如果把不需要的纸全部从盒子里取出，只把重要的信件放在盒子里会怎样呢？这样一来就能毫不费力地取出信件了，放回原处也变得很简单。这就是做好整理、收纳这两项基础工作的效果。

再怎么收拾都做不到整洁的原因在于——没有做好整理（去除不需要的物品）和收纳（将必需品放在方便拿取放回的位置）这两项基础工作。只要认真做好整理、收纳这两项基础工作，不需要付出太大努力就能轻松做好收拾的工作。

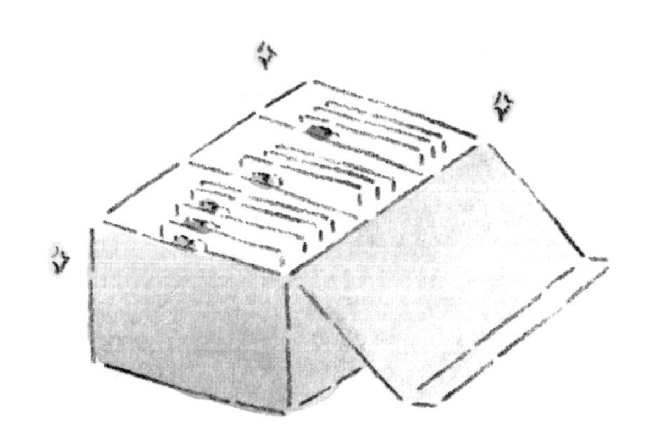

规定好自己的“重置时间”，就不会整天都在不停收拾了

也许很多人都憧憬着能住在随时保持整洁，仿佛样板间一样的家里吧。但是要达到这种收拾的终极目标实在不容易。样板间是展示用的房间，而我们的家是家人生活的空间，会凌乱是理所当然的。

虽然以样板间那样整洁的空间为目标很难，不过我们可以做到“无论多凌乱，都能轻松地收拾好”。

关键在于规定每天用来收拾的时间，即“重置时间”。有把握将物品在固定的时间内收拾好，在此之前即使散乱地放在收纳空间外也无所谓。

对孩子来说，让他觉得收拾之后会有好事发生更能激发他收拾的行动力，所以将给孩子安排的“重置时间”选择在吃零食前或在喜欢的电视节目开始前效果会很好。通过养成在“重置时间”收拾的习惯，也可以培养孩子收拾的能力。

\ 找到适合自己家的“重置时间” /

将“重置时间”设在“收拾会让心情变好”的时间效果会更好！

希望早上起床时家里很整洁

➡ 将睡前设为“重置时间”

希望回家时能轻松一下

➡ 将外出前设为“重置时间”

希望在整洁的房间中用餐

➡ 将饭前设为“重置时间”

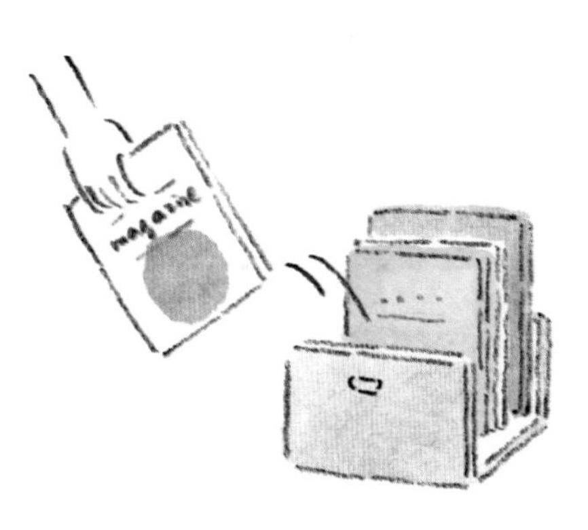

通过装饰性收纳防止凌乱

在本书第90、91页写到了要将家中的物品按照“现在是否在使用”为标准判断该放弃还是要留下。不过也会有尽管没在使用，却不愿意放手的物品，比如承载着美好回忆的物品。

人们经常会想要珍藏承载着美好回忆的物品，那么把它们作为装饰品如何呢？装饰在家里显眼的地方，每次看到时自己的心情都会变好，这样就能充分发挥它们的价值了。

除了承载着美好回忆的物品外，收纳如非常喜欢的书、孩子的作品等物品也可以采用装饰性收纳。

装饰性收纳有增加收拾动力的效果——人们会希望摆放着自己最喜欢的物品的空间保持整洁。因此，在容易变得凌乱的地方采取装饰性收纳会起到防止凌乱的效果。

采取装饰性收纳时需要注意的是，选择装饰地点和装饰方法时要考虑到发生地震、火灾等灾害的情况。例如，如果在走廊两侧挂上尺寸较大的画，一旦发生地震画很可能会坠落阻塞避难通道。大家一定不希望被自己最喜欢的画挡住生路吧。

在充分考虑到应对灾害的对策基础上，愉快地进行装饰性收纳吧！

让所有人都觉得好看的装饰性收纳诀窍

是不是有人觉得虽然想要进行装饰性收纳，但是自己没天分，所以会很难？
其实只要掌握了小诀窍，就能完成好看的装饰性收纳。

留白

如果装饰物品太多，装饰时不留空隙是不行的，重点在于留白。不要一次全部装饰出来，可以定期更换装饰品，满足自己装饰的欲望。

三角形布局

将物品布置成三角形会产生视觉上的稳定感。在摆出三个物品时，可以将高度与其他两个不同的物品放在中间；采取墙壁装饰时，将三件组套的物品摆成三角形的平衡感会很好。

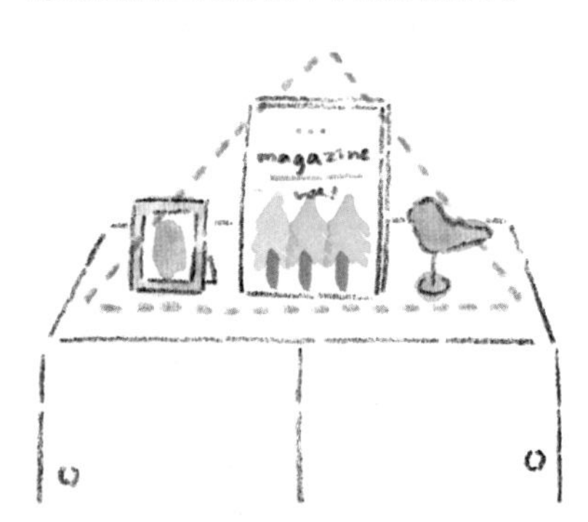

左右对称

左右对称地摆放，外观会显得很整齐，能带来安心感。

＼ 放在桌子上 ／

＼ 挂在墙上 ／

就算突然有客人造访也不用慌张 只需要收拾好这三个地方

下面为大家介绍三处地点的有效收拾法，
就算客人突然要来也不会手忙脚乱。

玄关

可以说玄关是奠定客人对你家第一印象的地方。话虽如此，但如果玄关的收纳空间太小，鞋子就不得不放在收纳空间外面了。在这种情况下，可以将能收起来的鞋子尽量收在鞋柜等收纳空间内，只能放在外面的鞋子要整齐地摆放在地板上，只要摆放得整齐，就不会破坏客人对玄关的好印象。

餐桌

餐桌的高度大约齐成年人的腰部，人们很容易随手将物品放在上面。虽说餐桌上很容易积攒物品，不过大部分都是商品广告、水电费通知单、报纸、学校的讲义或者试卷等纸张。只需要在餐桌附近准备一个文件盒，在有客人来时将餐桌上的物品装进去，这样桌面看起来就整洁了。

洗手池

客人可能会用到洗手池，所以洗手池一定要收拾干净。洗手池上尽量不要放东西。如果洗手池本身没有收纳空间，发蜡、喷雾、化妆水、乳液等物品就只能放在明面上了。这种情况只需要准备一个带分隔的收纳盒将这些物品放进去，洗手池就能给人整洁的印象了。

访问私宅！

第三部分

我家的整理诀窍

在本章中，我们将访问一些创造出适合自家的收纳方法、制定出符合自家风格的整理规则、轻松愉快地保持居所整洁的家庭。

有独自生活的人，有因丈夫外出工作在家独自育儿的妈妈，有其乐融融的热闹家庭，他们将为大家介绍一些极具个性的整理秘诀。

Case1

同时顾及收纳方便和室内装饰的房间布局

冈本淳生女士（40岁）
家庭构成：五口之家，丈夫（41岁），3个女儿（13岁、10岁、4岁）
房间信息：建成37年的商品房，3居室，约85m²

将建成37年的旧公寓改造成自己喜欢的家

冈本淳生女士喜欢室内装饰，考虑到日后改造的空间特意买下了这栋旧公寓。她发现如果家里不够整洁，再好的室内装饰也无法凸显出来。她意识到室内装饰和收纳是不可分割的，进而对收纳产生了兴趣。现在冈本淳生正在为取得整理收纳咨询师的资格而努力学习。

她在收纳中注重让收纳与喜欢的室内装饰风格保持协调。会将“能看见的收纳方式”与室内装饰融合，同时对充满生活气息的物品采取“隐藏收纳”的方式，不让它们影响到室内装饰风格。在看不见的地方使用的收纳用品全都是在杂货店能买到的，在整理收纳时可以用在很多地方。

客厅

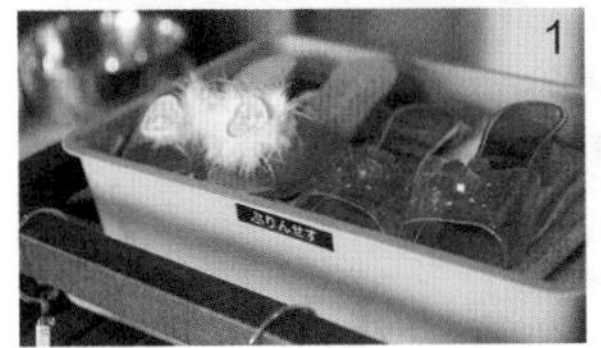

1 很受女孩子欢迎的物品。写上“公主”后，连4岁的小女儿也能在用过后放回原处了。

2 将书架的一部分做成了放玩具的空间。这里是“能看见的收纳”。

3 相册统一用黑色的，这样不会影响到室内装饰风格。

丈夫喜欢看书，他的书都放在墙壁边的书架上

我将房间过去的主人用在卧室的书架移到了客厅。书架上的书按照类型和作者分类排列，都有固定的位置，就算是不擅长收拾的丈夫也能轻松放回原处。

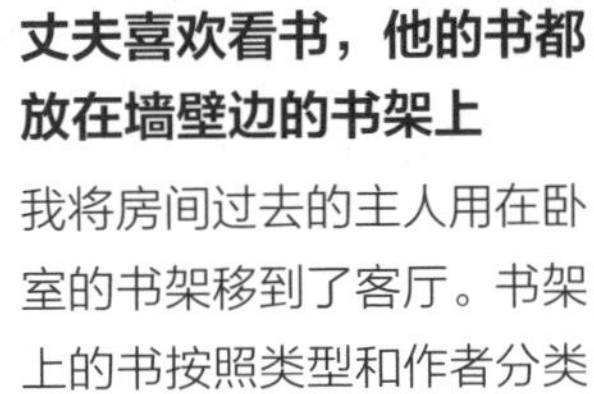

1 用“L”形金属零件固定木板，DIY制作了手推车，里面放着三个女儿的学习用品。手推车下面安装了脚轮，用吸尘器打扫卫生时方便移动。

2 自己动手在房梁上方的墙壁安装了杂志架，将喜欢的杂志陈列在那里。

厨房

为了在做饭时能立刻拿到需要的物品，厨房采取了将物品放在外面的收纳方式。锅和量具都挂在“S”形挂钩上，长筷子和夹子等做饭时的用具立在盒子中，碗和不锈钢盆放在操作台前方的架子上。

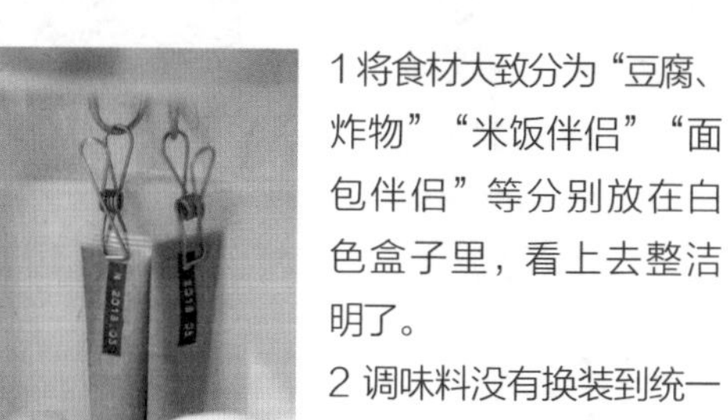

1 将食材大致分为“豆腐、炸物”“米饭伴侣”“面包伴侣”等分别放在白色盒子里，看上去整洁明了。

2 调味料没有换装到统一的容器中，不过五颜六色的包装都被挡住了。

第一层：筷子、勺子、刀、叉

第二层：西餐碗碟

第三层：日餐碗碟

第四层：高脚杯、大盘子

因为希望从上方一目了然地看到收纳的东西，特意没用餐具架

我将和厨房操作台高度一致的柜子用作餐具柜。打开柜子抽屉就可以很轻松地拿到想用的餐具，打破了“餐具就要放在餐具架上”的固有观念。只需要一个柜子，平时使用的餐具和客人用的餐具都可以装下。

1 收纳餐具的柜子旁边是同样高度的用来存放其他厨房用具的柜子。

2 收纳盒选用细长的，这样就能充分利用柜子的深度。

卧室

我自己的室内装饰诀窍

卧室整体色调选用了清爽的薄荷绿+白色

改造时我更换了整个卧室的壁纸。考虑到利于安眠和营造清洁感的目的，我选用了颜色清爽的壁纸。

1 卧室的衣柜中放着客人用的被褥和床单等。
2 在衣柜里被褥的收纳袋上贴上标签，里面装了什么就一目了然了。

衣帽间

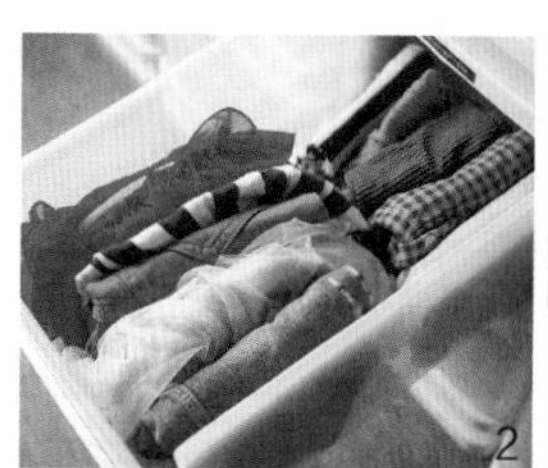

把步入式衣橱涂成了红色，能在出门前带来好心情

1 我将七平方米左右的房间改造成了衣帽间，一家五口各季的衣服几乎都收纳在这里。空间足够宽敞，可以在这里换衣服。
2 孩子的衣服不要塞得太满。
3 领带没有挂起来，而是一条条卷起来收纳。这种方法适合希望能一眼看到所有领带的人。

我自己的收纳秘诀

盥洗室

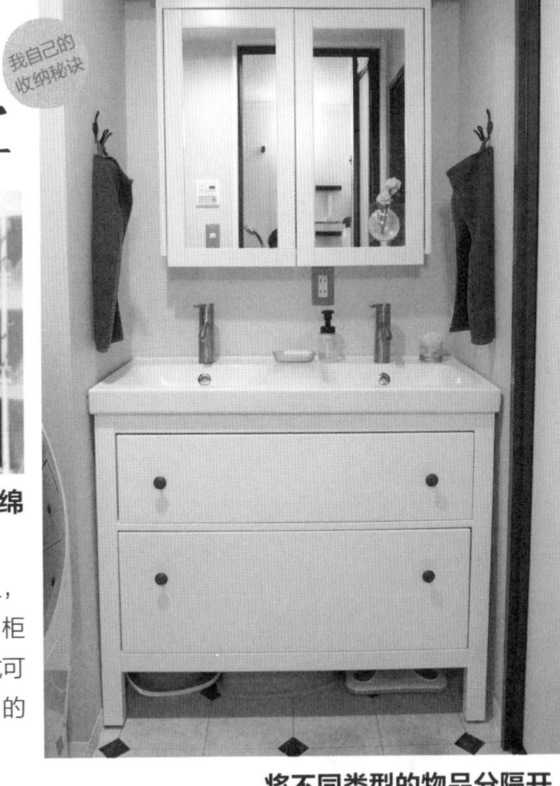

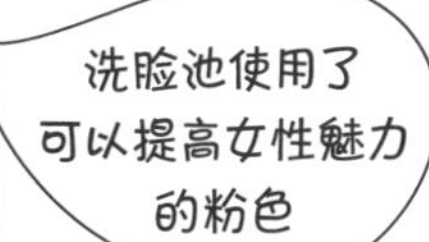

盥洗室选用了可以营造出柔和气氛的香槟粉色壁纸。这个空间贯彻了“隐藏式收纳”的理念，看起来整洁清爽。

把耳环插在海绵上会很方便

将耳环插在海绵上，陈列在玻璃展示柜中。这种收纳方式可以立刻拿到想戴的耳环。

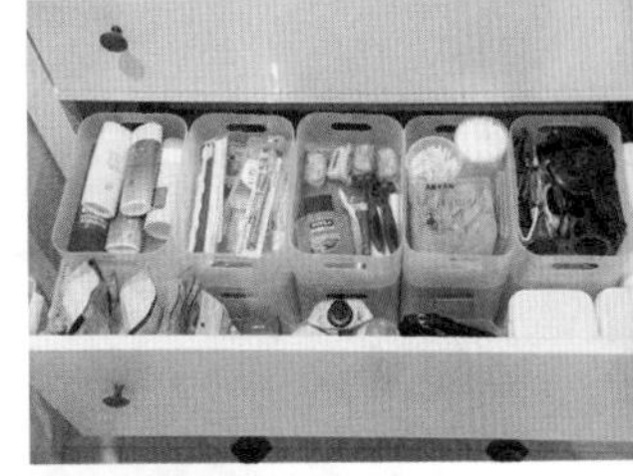

将不同类型的物品分隔开，不会迷茫

抽屉里放得满满的。使用可以叠放的收纳用品，充分利用抽屉的深度。

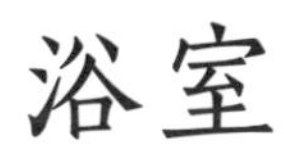

为了清扫方便并防止发霉，洗澡用品绝对不能直接放在面板上。洗发水的瓶子等用挂钩挂在墙上。

鞋柜

为了装进一家五口的鞋子，使用了可以叠放两层的收纳用品，让空间利用效率增加到原来的两倍。

Case2

不只靠妈妈，全家共同参与家务的收纳方式

石山可奈子女士（40岁）
家庭构成：四口之家，丈夫（41岁）和10岁的儿子、8岁的女儿
房间信息：建成30年的一室公寓，约65m^2

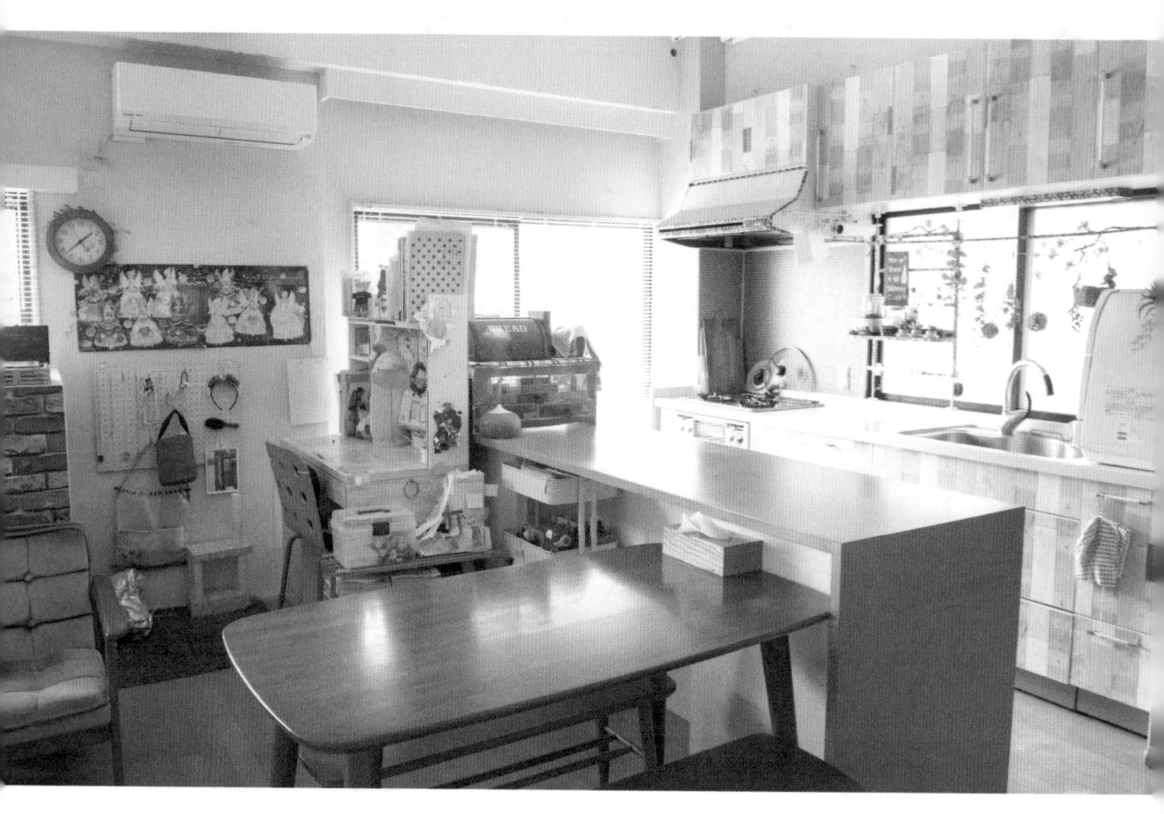

精心营造的65m^2无隔断一室公寓

孩子上幼儿园时，石山女士突然病倒了，大约有半年时间身体一直不好。那段经历让她明白了就算家人有心帮忙，如果不知道东西放在哪里的话也会束手无策。从那以后，她改变了收纳方式，让自己不用再一个人承担家务。

石山女士的收纳方式从不拘泥于教科书，她在收纳时会优先考虑对自己和家人来说什么是最重要的。于是她选择了“自己的东西自己管理”“家务由大家一起分担”的收纳方式，将没有隔断的开放式一室公寓打造成了能让家人充分交流的温馨居所。

2017年，石山女士取得了“整理收纳咨询师一级”的资质。

厨房

在纯白的厨房收纳柜上贴了彩色贴纸，冰箱刷成了蓝色。

1 石川女士笑着说：“色彩能给我带来活力。”

2 把筷子放在装调料用的抽屉里，因为就在炉子旁边，用起来很顺手。抽屉最深处放着炉子打火器用的电池，其他电器的电池都放在走廊，只有炉子打火器用的电池放在这里。

在洗涤用品瓶子上贴上标签，注明是用来干什么的，孩子也能安全使用

我自己的收纳秘诀

1 贴在洗涤用品瓶子上的标签不仅要写上名字，也要写上是用在什么地方的，比如“去油污”“去水渍”。

2 水槽下方装清洁厨房用的洗涤剂、滤网、抹布等消耗品。

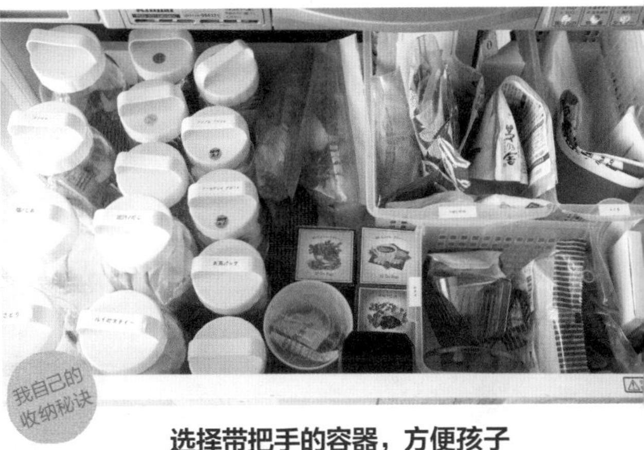

我自己的收纳秘诀

选择带把手的容器，方便孩子拿取

将白砂糖、盐等调味品放在带把手的容器中。我以前用的是普通的保存容器，但是因为有一次孩子拿起来的时候手滑摔碎了，之后便改成了带把手的容器。

将密封袋的盒子去掉，放在杂货店买到的塑料笔筒中。和横放在盒子里相比，竖起来更节省空间。

我自己的收纳秘诀

重物放操作台下；耗材编号，从数字小的用起

1 操作台下面放铁锅、电磁炉、电烤盘等较重的物品。注意，杯子要用支撑杆挡住，这样能防止摔倒。

2 在罐装耗材的盖子上写上数字作标记，从数字小的开始使用。

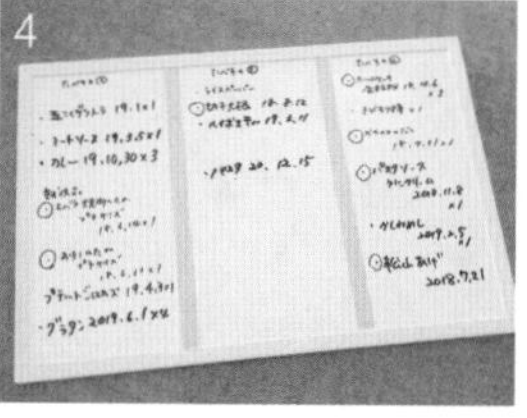

防止吃多的方法

1 让孩子养成自己管理零食的习惯。将各自的零食分别放在各自的纸袋中，吃完后由妈妈负责补充。“大概是意识到放在袋子里的是自己的东西了，孩子们吃的时候会有节制，和把所有人的零食放在一个大袋子里的时候不一样了。”

2 将备用食材放在文件盒中，然后放在橱柜高处。

3 在垃圾箱后面安装支撑杆，用来挂替换的垃圾袋。为了防止滑落使用了夹子固定。

4 每次都把文件盒拿下来看太麻烦了，所以在白板上注明“食材”“保质期”“个数”等库存信息进行库存管理。白板就放在盒子左边。

儿童区

兄妹共用的物品集中放在一个手推车里

因为空间有限，石川家的规矩是可以共用的物品就要由兄妹一起使用，只有要用的时候才能从手推车中取出。

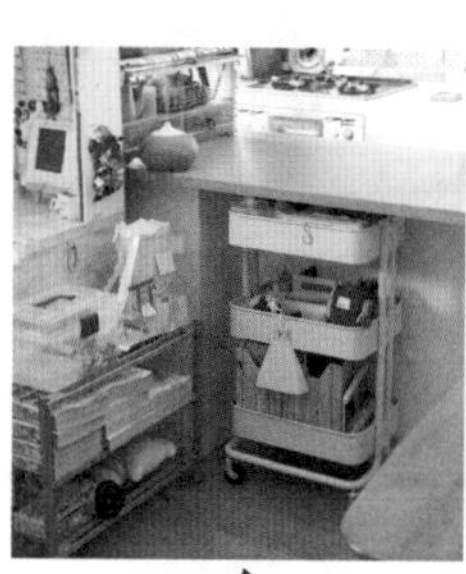

平时放在台子下面备用

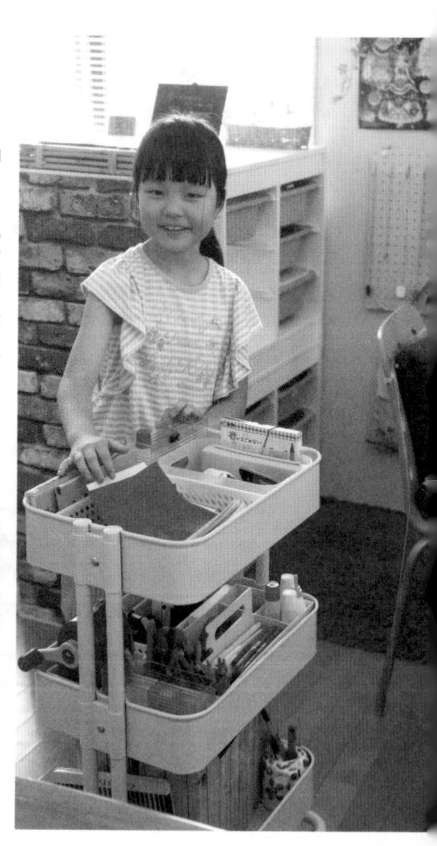

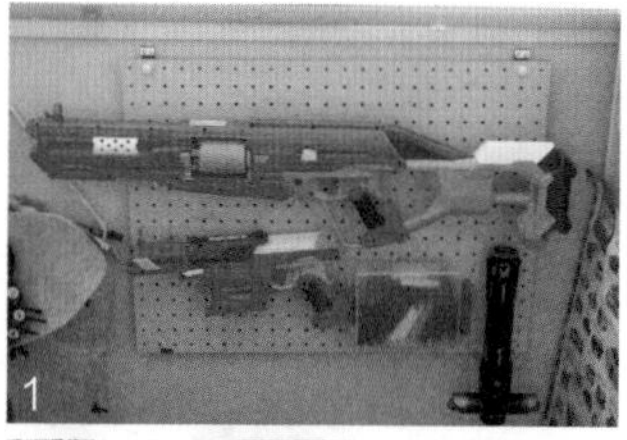

1 客厅最靠里的部分是孩子的空间。哥哥最喜欢的玩具用挂钩挂在带孔的板子上。

2 可以从左右两边取出物品的架子。既起到了收纳作用，又分隔开了兄妹俩的空间。

卧室

建立自己的衣服自己整理的规矩

1 将装衣服的盒子垒成一堵“墙”，分隔出卧室。
2 每个人洗好自己的衣服单独放在自己的专用篮里，由自己收进衣橱。
3 空篮子要放回原处。
4 在正面贴标签太显眼，所以标签都贴在抽屉边沿。

洗衣房和盥洗室

包没有挂在架子上，而是放在了架子最上层。“无法自己立住的包可以装在收纳篮中。布包多少会有些弹性，可以在一个篮内放2~3个。”

1 一个吹风机对应放入一个无纺布袋子，这样线就不会缠在一起了。
2 在洗衣机上方安装收纳柜，放上洗涤剂等洗衣用品。
3 用杂货店里的塑料笔筒装牙膏，斜着放比较容易拿取。

门廊

1 搬家前进行改造时在走廊两边安装了收纳架。里面放着家电说明书和工具、电池等物品。
2 将绳子前端稍微拉出一点点，拉拽的时候比较方便。

我自己的收纳秘诀

门背后可以挂物品

1 门背后的空间可以充分利用，用黏性挂钩挂着孩子的自行车头盔。
2 装上网眼板，可以用来挂扫除用品。苫布也可以挂在上面。

在家里放满“喜欢的东西”

1 在厨房的窗边挂上仿真绿植，做饭时一抬头就能看到。
2 将喜欢的剪报装裱后挂在墙上。

我自己的收纳秘诀

将通知贴在这里方便确认

在走廊里靠近客厅的柜子一侧贴上孩子学校的通知，只要出门就会看到，不容易忘记。这里装上镜子很方便，妈妈出门前可以在这里照一照镜子检查仪表。

Case3

孕育出3名足球少年和妈妈梦想的家

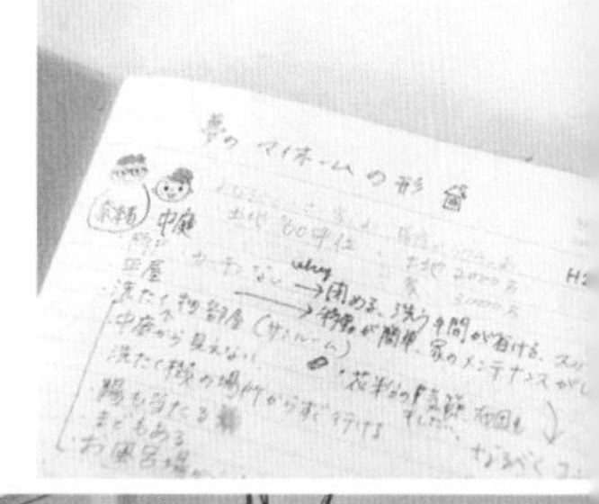

中岛奈绪女士（43岁）
家庭构成：五口之家，丈夫（40岁）和3个儿子（13岁、12岁、8岁）
房屋信息：建成1年的自家房产，4居室，约100m^2

搬了7次家后终于找到理想的房子，找到适合自家的收纳风格

因为丈夫工作的缘故，中岛奈绪女士在婚后的13年里一共搬了7次家。去年终于有了心心念念的属于自己的家。

“每次搬家我都会想，家里真正重要的是什么？什么样的生活能让家人感到舒心？现在的房子就是在我不断思考后建成的。”中岛女士在这个家里加入了独属于自己家的理念。

在中岛家里，不能忽视的是3个孩子热爱的足球用品的收纳。给孩子们立下的规矩是球包和球衣必须自己整理好。另外，中岛女士以“轻松家务”为目标，所以“不用动、不用找、不花时间”的收纳方法不可或缺。中岛家随处可见她的灵感和为此做出的努力。

客厅

走进玄关，门边放着复古风的抽屉，里面装着3个儿子的物品。每个人的使用区域是规定好的，3人管好各自的物品，妈妈不会干涉。中岛说：“就算抽屉里一团糟，关上后也看不到。”

儿童房

1 中岛家的房子是平房，客厅旁边就是孩子们的房间。中岛用了可拆卸木隔断将这里分成了3个房间，她计划在孩子们独立出去住后将这个区域还原为客厅的一部分。

2 平时穿的衣服全都放在4个筐子里，包括球衣。

卧室

床垫白天会立起来，既节省了空间，拿取放回也很方便。拆掉了拉门，让整个空间显得宽敞。

我自己的收纳秘诀

五口之家的餐具也只有这些

家里没有为客人准备餐具。中岛说："丈夫喜欢邀请朋友来院子烧烤，不过那时会用纸盘子。"

烤盘收纳

3张烤盘摞着放，单手就能取出。

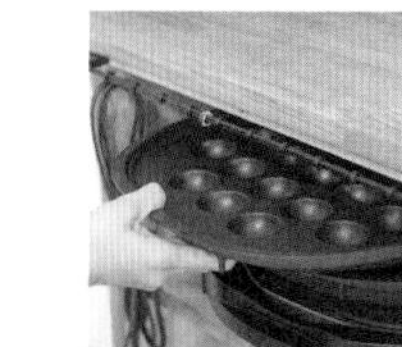

将有内包装的零食从外包装袋中取出，减小体积

3个男孩子胃口很大，家里常备零食。为节约收纳空间，将有内包装的零食从外包装袋中取出。

厨房

中岛说："站在厨房可以看到客厅和对面的院子，这个时刻能深切感受到拥有了自己的家的喜悦。"

门廊

将衣橱设置在“回家→洗澡动线”上

孩子们踢完球常常浑身是泥，回家后会直接经过走廊去浴室，所以把衣橱设置在了走廊上。

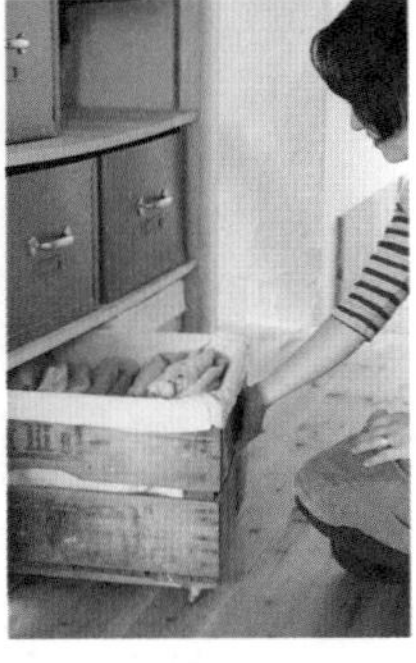

中岛很喜欢收集旧木箱，这次将它们做成了抽屉，安上把手后会很方便拉出。

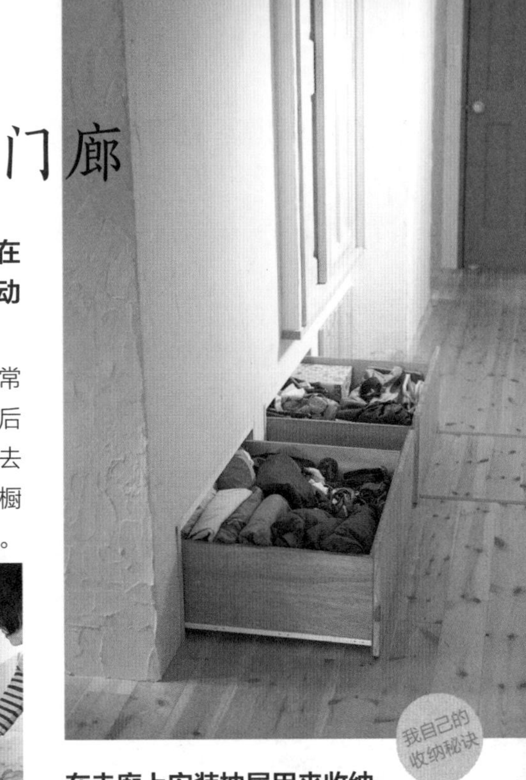

在走廊上安装抽屉用来收纳

将卧室的地板做得比走廊和客厅高，这样下面可以安装抽屉用于收纳（如图）。

玄关

中岛设计了一个可以用来放置孩子们足球用具的玄关。她说：“我出于爱好收集的箱子在这里变成了架子上的收纳箱，成功地再利用了。”

**只需要挂上就好
男孩子也会听话**

这里就像学校的走廊一样。中岛说：“只需要挂在钩子上，3个孩子都会乖乖挂好，而不是随手扔得到处都是。”

我自己的收纳秘诀

盥洗室

首饰挂在镜子后

因为首饰会在镜子旁边戴，所以挂在了镜子后面。吸盘式牙刷架也吸在这里。

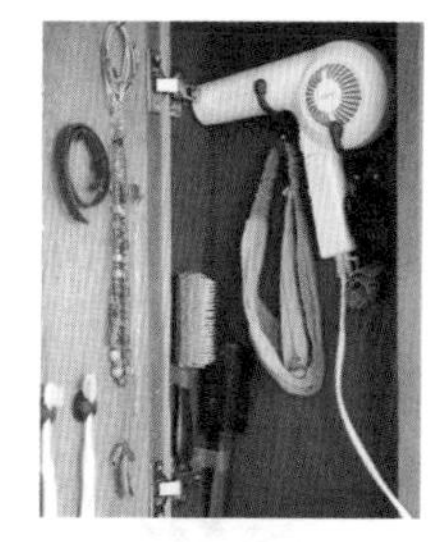

吹风机挂起来，牙刷立起来

习惯用右手的人把吹风机的把手冲右挂好，这样拿起来会很方便。牙刷可以插在皮套上固定。

拆掉备用牙刷的包装就不占地方了

3个男孩子消耗牙刷的速度非同寻常。拆掉备用牙刷的包装放进保存袋中可以节省收纳空间。

牙膏挂起来收纳

牙膏用夹子夹住挂起来。刷牙的时候不用取下来，可以直接挤到牙刷上，实现了“不移动，不花时间的收纳”。

洗衣房

洗澡后在这里换衣服。中间一层靠右的3个筐子是孩子们用的，一人一个。为了用吸尘器的时候更方便，中岛女士没有忘记在不锈钢架子和洗衣机下方留出空间。

卫生间

坐在马桶上的时候不用起身就能取到架子上的卫生纸和女性生理用品。尽管这个架子看起来不起眼，但它的位置和高度都恰到好处，很方便。

Case 4

独自承担家务和育儿，让每天变得轻松的整理收纳方式

七尾亚纪子女士（37岁）
家庭构成：四口之家，丈夫（44岁）和两个儿子（9岁、5岁）
房间信息：建成10年的商品房，3居室，68m^2

产假期间一时兴起，开始整理整个家

七尾女士是一家IT公司的管理人员，每天工作都很忙。现在她有两个淘气的儿子，分别上小学三年级和幼儿园。丈夫3年前就去外地工作了，所以她现在每天独自为家务和育儿奋斗。

七尾女士家的装修是北欧风格的，很温馨。据说以前因为家里没有好好整理，东西堆得到处都是。不过七尾女士生完小儿子后，在休产假的时候有了空闲，于是一时兴起，就把整个家整理了一遍。从此她沉迷于整理，还取得了“整理收纳咨询师一级”的资质。

客厅

1 把有孔木板装在桌子旁的墙上，将钉子钉入孔，可以在上面用悬挂的方式来收纳手表和戒指等较轻物品。

2 垃圾箱里套了好几层垃圾袋，更换的时候会很轻松。

3 放手机的柜子下面藏着数据线，手机充电在这里完成。

我自己的收纳秘诀

1

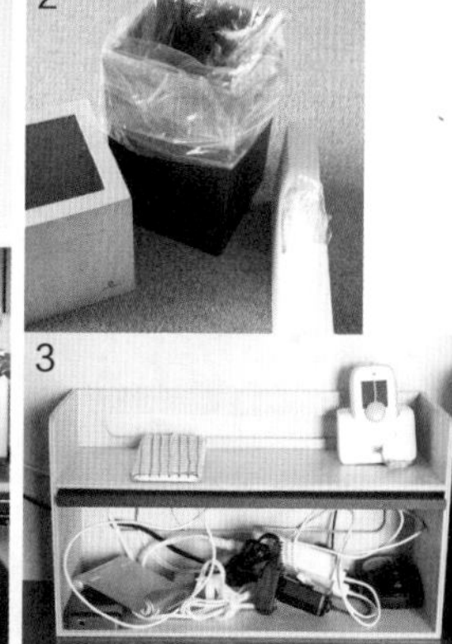

2

3

让妈妈更轻松的小心思

对妈妈来说，工作日的早上是争分夺秒的，所以必须让孩子养成能自己独立整理出门行头的习惯。客厅的布置为此下了一番功夫。

工作和游戏区

1

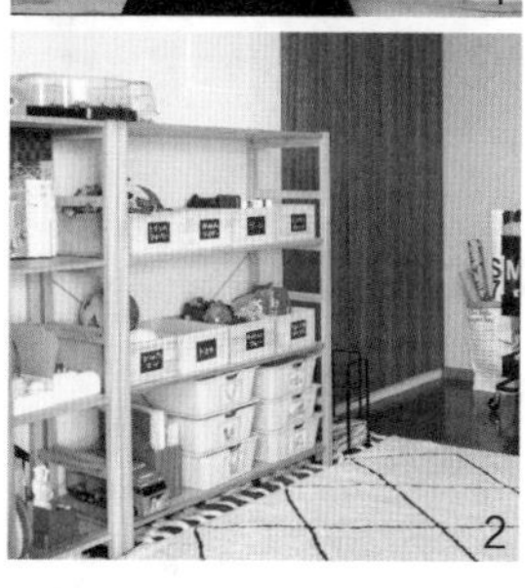

2

让心情变好的收纳和装修

餐厅旁边是母子共用的工作和玩耍区域。

1 充分利用墙壁。

2 在开放式架子上收纳孩子的玩具。

3 用文件盒使文件整整齐齐。

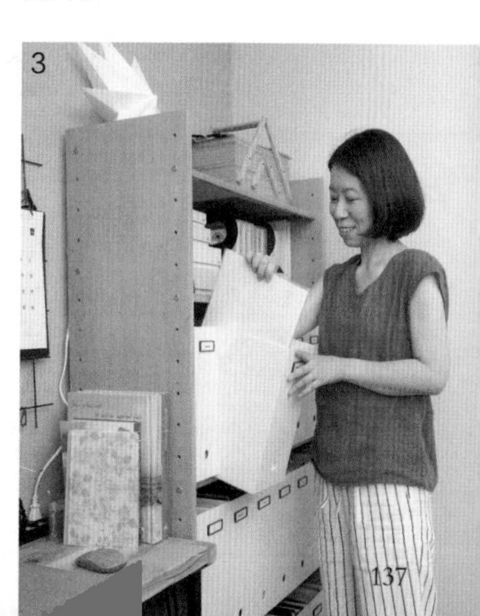

3

儿童房

为了让孩子能做好自己的事情

1 孩子房间里的家具、收纳用品都用了实木材质。选择收纳方式时既考虑方便孩子拿取放回，又考虑了外形美观。

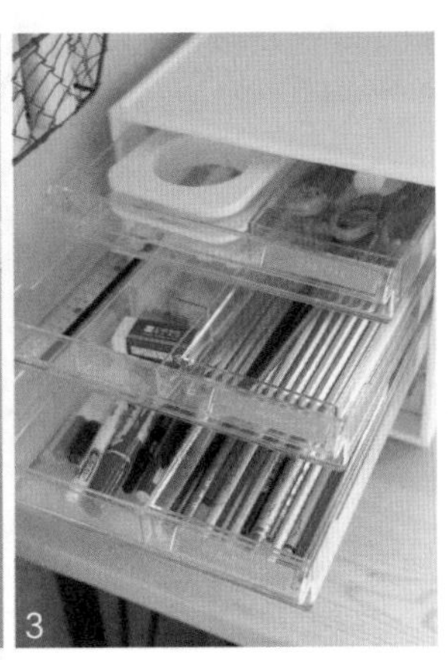

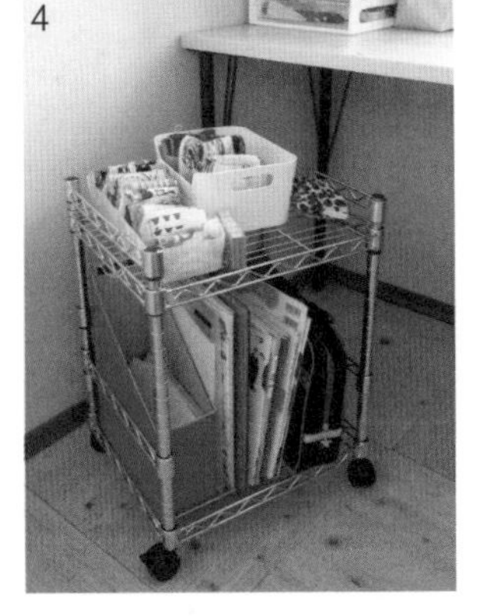

2 DIY的木架子上放着小儿子去幼儿园时用的背包和外套。

3 大儿子书桌抽屉里的物品被整理得整整齐齐的。

4 装大儿子学习用品的手推车。下层放教科书，上层是放手绢、纸巾、口罩等物品的盒子。

1 用藤编筐收纳衣服，方便孩子们拿取，换衣服也轻松。外面的筐放当季衣服，里面的放过季衣服。

2 为方便孩子拿取、选择，衣服叠好后会立起来收纳。

1 放在双层床下面的箱子原本是装苹果的箱子，七尾女士装了把手，改造成了收纳箱，用来放两个孩子的玩具。

2 配合苹果箱的深度竖着放了两个文件盒，用来保存大儿子以前的课本。

为回到家后饥肠辘辘的孩子能马上吃饭的收纳

厨房

1 厨房很整洁，完全不像母亲独自带孩子的家庭。经常使用的厨房用具为了能达到一步取用的目的，都立起来收纳。

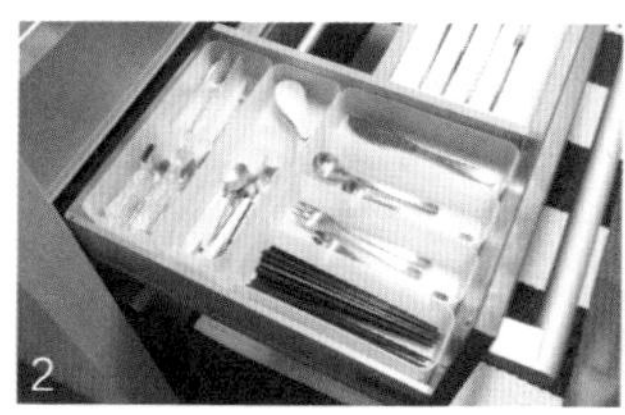

2 刀、叉、勺、筷分类放置，孩子也能方便取出。

3 食品储藏柜里放了文件盒和筐，打开门后也很整洁。

4 下层的文件盒里放着电磁炉、铁锅和吃寿喜烧用的锅。

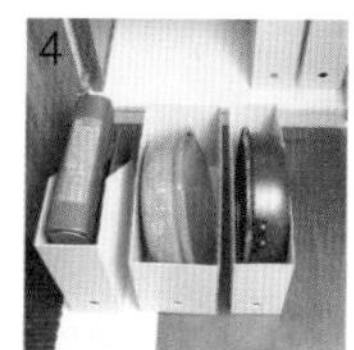

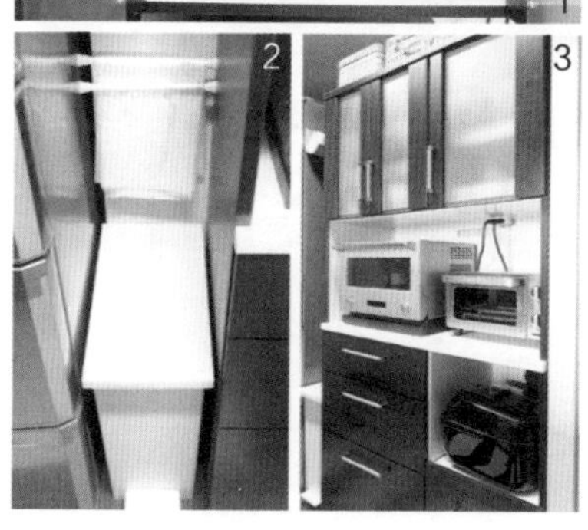

1 将经常使用的碗和杯子放在餐具柜里靠外的位置，这样可以方便取出。

2 冰箱和餐具架之间放垃圾箱，垃圾箱上方安装了两根支撑杆来挂垃圾袋，更换时很顺手。

3 餐具柜里不放多余的物品，看上去很整洁。

盥洗室

1 洗脸台旁边也放置了小垃圾箱，收纳柜的镜子后面装了挂钩，挂上麻绳用来放垃圾袋。

2 洗脸台镜子后面的收纳空间里用来放护肤品和首饰。

3 洗脸台下面也用到了筐和文件盒，里面的物品能够很方便地取出。

Case5

想在榻榻米上翻滚，但是不善于打扫，所以我不直接将物品放在榻榻米上

小林由未子女士（35岁）
家庭构成：单身家庭
房间结构：建成42年的出租公寓，约20m^2

没有事先设定好的收纳区域，收拾起来更容易

小林女士从2017年七月开始一个人生活，首先是寻找房子。她看重的是设定好的收纳区域尽量小，理由是：“在相同面积下，如果事先设定好的收纳区域小，生活区的面积就会变大。住进去以后根据需要增加必要的收纳区域，就能创造出属于自己的收纳方式，生活也会变得舒适。”

她看中的是一间建成42年的昭和风公寓，面积约20m^2。事先设定好的收纳区域只有一个抽屉和一个小小的厨房收纳柜。尽管如此，由于小林女士在选择物品时很有原则，会尽量精简，所以房间中并没有多余的物品，榻榻米上也很整洁。她随时可以在榻榻米上翻滚，打扫起来也很方便。

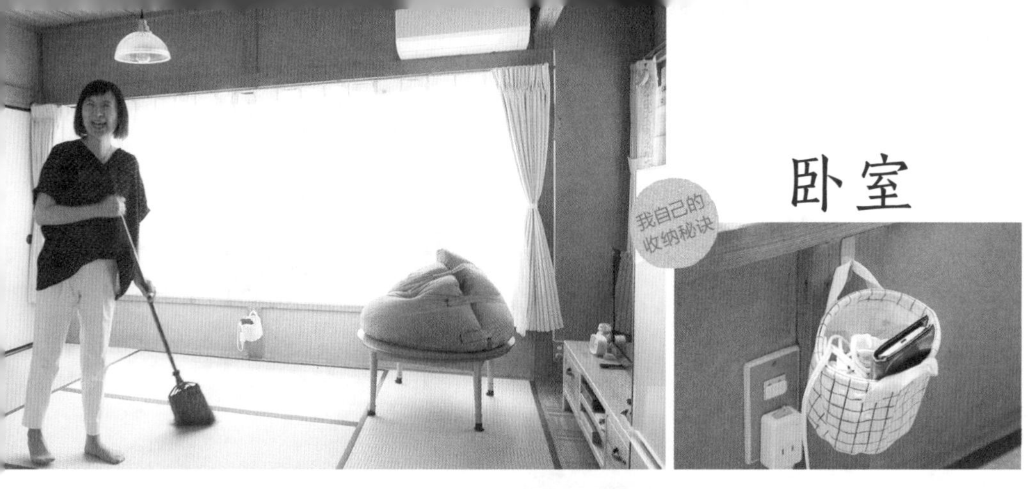

卧室

没有直接放在榻榻米上的物品，所以打扫起来很方便

平时打扫会用笤帚。因为没有直接放在榻榻米上的物品，所以只需要把靠垫放在桌子上就能轻松地扫干净。

电视柜的抽屉里放着小林女士最喜欢的CD和DVD。小林女士说：“我买抽屉的时候仔细想过了，要刚好能横着放下一张CD和一张DVD的宽度。”

充电器不落地

手机和充电器装在小袋子里，挂在插头附近，保持这种位置很方便充电。只需要花一点小心思，打扫时就不用想着要移开物品而给自己带来压力。

衣柜

1 因为没有衣柜和书架，所以100%利用了壁橱。为了不落灰，过季的衣服都装在有盖子的布箱里，放在壁橱最上层。

2 衣服都挂在衣架上，拿取放回方便。

常用的包放在文件盒里，既不会倒也不占地方，收起来后会很整洁。将文件盒放在壁橱中方便取出的位置。

只有使用的时候才把打印机从壁橱中取出来。打印机放在带脚轮的手推车上，可以轻松推到有插头的位置。

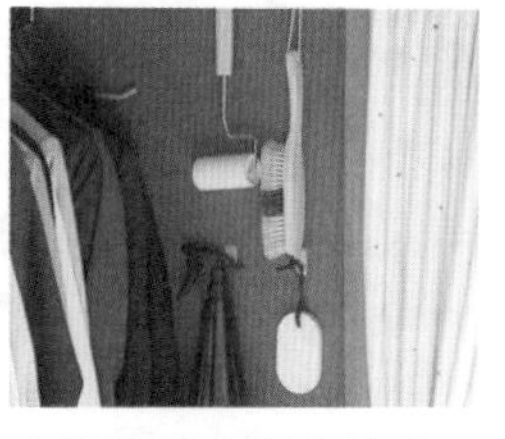

内侧墙壁也没有浪费，安装了挂钩来挂物品。衣服刷和地毯清洁器挂在固定的位置，防止到处乱放。

厨房

1 比起现代的厨房，这里更像是充满怀旧气息的地方。

2 操作台下面的抽屉里放着少数几种经常使用并且有讲究的物品，因为很空荡所以不需要分格。右边两个物品是用来夹没有把手的锅的夹子。

3 水槽下方收纳空间的门里侧挂着装厨余垃圾的塑料袋和排水口滤网。物品一定要收纳在使用地点附近是小林女士的习惯。

我自己的收纳秘诀

在方形空间放圆形物品的“留白收纳”

水槽下放着做饭用具。在充分利用空间的同时，小林女士会注意留下空间。她说：“我喜欢在收纳时‘留白’，比如在方形空间放圆形物品。”

小林女士吃根茎类蔬菜会连皮一起吃，所以要常备碗刷来洗蔬菜。将碗刷挂在磁力挂钩上可以控水。

我自己的收纳秘诀

门廊

因为没有洗脸台，所以小林女士会在厨房洗漱。洗漱用品统一选用白色的，和小型观赏植物放在一起。

因为旁边就是浴室，毛巾放在这里会很方便。为和整体色调协调，毛巾也选择了白色。尽管小林女士一个人生活，房间中依然备有6条毛巾。

这里也采用了“留白收纳”

走廊上摆放着收纳架。尽管上面放着纸巾、毛巾等生活用品，但是因为注意“留白”，并没有让人感受到浓浓的生活气息。左下方的清洁湿巾为了保湿，放在了杂货店买到的密闭容器中。

浴室

脚垫这样放干得快

从浴室出来的空间没有设置洗脸池，在这里安装支撑杆用来晾干脚垫。

卫生纸放在窗台上，将清洁湿巾从包装中取出，移到密闭容器中，放在水管上。小林女士说：“虽然卫生间没有收纳空间，但我完全不会因此感到困扰。”